虚拟现实技术专业新形态教材

虚幻引擎(Unreal Engine)
基础教程

刘小娟 宋彬 主编

清华大学出版社
北京

内容简介

本书以培养虚拟现实应用技术专业的人才为目标，是一本虚幻引擎的入门教程，本书遵循循序渐进的教学理念，让读者能够高效掌握虚幻引擎核心知识。全书共 11 章，从虚幻引擎基础、材质系统、蓝图、粒子系统、动画系统、游戏 UI、光效处理、VR 技术及设备等几个方面详细讲解了虚幻引擎及相关设备的使用方法。本书利用实例系统地讲解了"森林峡谷"的地形创建、室外场景光照构建，重点讲解了虚幻引擎材质系统的关键技术、创建虚拟现实场景制作流程及 VR 模型动画在虚幻引擎中的搭建的整体优化，针对项目打包与输出 VR 硬件平台搭建进行了解析。本书从最基础的 Unreal Engine 概念开始到最后如何导入虚幻引擎 4 进行了搭建与参数调整，逐一剖析，层层图解每一步的操作方法，让读者通过案例掌握虚拟现实技术一整套的制作流程。

本书从基础知识介绍到完整案例剖析，便于初学者学习，也方便教师授课。本书既适合虚拟现实技术专业的学生学习使用，也适合对虚拟现实技术有兴趣的读者阅读参考。

图书在版编目（CIP）数据

虚幻引擎（Unreal Engine）基础教程 / 刘小娟，宋彬主编 . —北京：清华大学出版社，2022.7
（2024.8 重印）
虚拟现实技术专业新形态教材
ISBN 978-7-302-60990-2

Ⅰ.①虚… Ⅱ.①刘… ②宋… Ⅲ.①虚拟现实—程序设计—高等学校—教材 Ⅳ.①TP391.3

中国版本图书馆 CIP 数据核字（2022）第 095233 号

责任编辑：郭丽娜
封面设计：常雪影
责任校对：刘　静
责任印制：杨　艳

出版发行：清华大学出版社
　　　　网　　　址：https://www.tup.com.cn, https://www.wqxuetang.com
　　　　地　　　址：北京清华大学学研大厦A座　　　　　　邮　　编：100084
　　　　社 总 机：010-83470000　　　　　　　　　　　邮　　购：010-62786544
　　　　投稿与读者服务：010-62776969, c-service@tup.tsinghua.edu.cn
　　　　质量反馈：010-62772015, zhiliang@tup.tsinghua.edu.cn
　　　　课件下载：https://www.tup.com.cn, 010-83470410
印 装 者：三河市君旺印务有限公司
经　　销：全国新华书店
开　　本：185mm×260mm　　　印　　张：19.25　　　字　　数：415千字
版　　次：2022年8月第1版　　　　　　　　　　　印　　次：2024年8月第6次印刷
定　　价：98.00元

产品编号：096358-01

丛书编委会

顾　　问：周明全
主　　任：胡小强
副 主 任：程明智　汪翠芳　石　卉　罗国亮
委　　员：（按姓氏笔画排列）
　　　　　吕　焜　刘小娟　杜　萌　李华旸　吴聆捷
　　　　　何　玲　宋　彬　张　伟　张芬芬　张泊平
　　　　　范丽亚　季红芳　晏　茗　徐宇玲　唐权华
　　　　　唐军广　黄晓生　黄颖翠　程金霞

本书编委会

主　　编：刘小娟　宋　彬
副 主 编：徐宇玲　晏　茗　周　微　胡　超
参　　编：刘彬梅　徐　盼　宗　越　赵　越

丛书序

　　近年来信息技术快速发展，云计算、物联网、3D打印、大数据、虚拟现实、人工智能、区块链、5G通信、元宇宙等新技术层出不穷。国务院副总理刘鹤在南昌出席2019年"世界虚拟现实产业大会"时指出"当前，以数字技术和生命科学为代表的新一轮科技革命和产业变革日新月异，VR是其中最为活跃的前沿领域之一，呈现出技术发展协同性强、产品应用范围广、产业发展潜力大的鲜明特点。"新的信息技术正处于快速发展时期，虽然总体表现还不够成熟，但同时也提供了很多可能性。最近的数字孪生、元宇宙也是这样，总能给我们惊喜，并提供新的发展机遇。

　　在日新月异的产业发展中，虚拟现实是较为活跃的新技术产业之一。其一，虚拟现实产品应用范围广泛，在科学研究、文化教育以及日常生活中都有很好的应用，有广阔的发展前景；其二，虚拟现实的产业链较长，涉及的行业广泛，可以带动国民经济的许多领域协作开发，驱动多个行业的发展；其三，虚拟现实开发技术复杂，涉及"声光电磁波、数理化机（械）生（命）"多学科，需要多学科共同努力、相互支持，形成综合成果。所以，虚拟现实人才培养就成为有难度、有高度，既迫在眉睫，又错综复杂的任务。

　　虚拟现实一词诞生已近50年，在其发展过程中，技术的日积月累，尤其是近年在多模态交互、三维呈现等关键技术的突破，推动了2016年"虚拟现实元年"的到来，使虚拟现实被人们所认识，行业发展呈现出前所未有的新气象。在行业的井喷式发展后，新技术跟不上，人才队伍欠缺，使虚拟现实又漠然回落。

　　产业要发展，技术是关键。虚拟现实的发展高潮，是建立在多年的研究基础上和技术成果的长期积累上的，是厚积薄发而致。虚拟现实的人才培养是行业兴旺发达的关键。行业发展离不开技术革新，技术革新来自人才，人才需要培养，人才的水平决定了技术的水平，技术的水平决定了产业的高度。未来虚拟现实发展取决于今天我们人才的培养。只有我们培养出千千万万深耕理论、掌握技术、擅长设计、拥有情怀的虚拟现实人才，我们领跑世界虚拟现实产业的中国梦才可能变为现实！

产业要发展，人才是基础。我们必须协调各方力量，尽快组织建设虚拟现实的专业人才培养体系。今天我们对专业人才培养的认识高度决定了我国未来虚拟现实产业的发展高度，对虚拟现实新技术的人才培养支持的力度也将决定未来我国虚拟现实产业在该领域的影响力。要打造中国的虚拟现实产业，必须要有研究开发虚拟现实技术的关键人才和关键企业。这样的人才要基础好、技术全面，可独当一面，且有全局眼光。目前我国迫切需要建立虚拟现实人才培养的专业体系。这个体系需要有科学的学科布局、完整的知识构成、成熟的研究方法和有效的实验手段，还要符合国家教育方针，在德、智、体、美、劳方面实现完整的培养目标。在这个人才培养体系里，教材建设是基石，专业教材建设尤为重要。虚拟现实的专业教材，是理论与实际相结合的，需要学校和企业联合建设；是科学和艺术融汇的，需要多学科协同合作。

本系列教材以信息技术新工科产学研联盟 2021 年发布的《虚拟现实技术专业建设方案（建议稿）》为基础，围绕高校开设的"虚拟现实技术专业"的人才培养方案和专业设置进行展开，内容覆盖专业基础课、专业核心课及部分专业方向课的知识点和技能点，支撑了虚拟现实专业完整的知识体系，为专业建设服务。本系列教材的编写方式与实际教学相结合，项目式、案例式各具特色，配套丰富的图片、动画、视频、多媒体教学课件、源代码等数字化资源，方式多样，图文并茂。其中的案例大部分由企业工程师与高校教师联合设计，体现了职业性和专业性并重。本系列教材依托于信息技术新工科产学研联盟虚拟现实教育工作委员会诸多专家，由全国多所普通高等教育本科院校和职业高等院校的教育工作者、虚拟现实知名企业的工程师联合编写，感谢同行们的辛勤努力！

虚拟现实技术是一项快速发展、不断迭代的新技术。基于虚拟现实技术，可能还会有更多新技术问世和新行业形成。教材的编写不可能一蹴而就，还需要编者在研发中不断改进，在教学中持续完善。如果我们想要虚拟现实更精彩，就要注重虚拟现实人才培养，这样技术突破才有可能。我们要不忘初心，砥砺前行。初心，就是志存高远，持之以恒，需要我们积跬步，行千里。所以，我们意欲在明天的虚拟现实领域领风骚，必须做好今天的虚拟现实人才培养。

周明全

2022 年 5 月

前　言

　　虚幻引擎（Unreal Engine）是实时 3D 图形领域发展最快的技术，是一个面向下一代游戏机和 DirectX 9 个人计算机的完整的游戏开发平台，为游戏开发者提供了所需的大量的核心技术、数据生成工具。它不仅可以开发 2D 游戏，还可以实现炫酷的视觉效果。它不仅在游戏开发、动画制作方面应用广泛，而且越来越多地应用于增强现实、虚拟现实、数字孪生等内容的开发。

　　虚幻引擎技术是高等院校虚拟现实技术专业中重要的专业核心课程之一。本书在切实贯彻党的二十大精神基础上，遵循新时代数字教材建设规律，聚焦数字教育发展战略、数字经济发展战略的需求，内容设计上将当下时代要求与师生需求相结合，以便更好地服务国家科教兴国战略、创新驱动发展战略，为建设教育强国、科技强国、人才强国贡献力量。本书的编者是来自虚拟现实技术专业教学一线的教师以及相关行业的工程师，希望把在高等院校教学中积累的教学经验以及项目制作中积累的实战经验与技巧分享给读者，以直接、细致的方式引导读者快速掌握 Unreal Engine 4（以下简称 UE4）的使用、游戏开发的方法，以及工作流程。书中通过结构图、流程图等方式帮助读者理解并掌握 UE4 的概念、结构以及虚拟现实项目开发的思路。通过实际游戏项目示例介绍 UE4 游戏开发的简单且实用的框架，让第一次使用 UE4 开发的读者不至于面对项目不知所措。本书让读者能够快速、有效地掌握实用的专业技能，成为社会技术应用型人才。

一、内容特色

1. 零基础入门

　　本书知识体系完整且实用，是针对虚幻引擎新手入门的教程。通过本书读者可以了解什么是 UE4 及其强大的功能，从而获得自我学习的途径；熟悉 UE4 界面的基本操作，通过搭建简单场景，可以制作一些简单的互动，如昼夜交替、天光调校、材质调校等，能够使用地形工具绘制想要的开放世界。了解 UE4 的渲染特性，如灯光、后期雾等，并能够制作简单的 UI 界面，如开始游戏（开始任务）、地图打开、退出游戏等 UI 界面；最后通过本书，读者能够制作简单的过场动画。

2. 实用技能为核心

本书案例的选取是从适应当前社会应用型人才的需求出发，以实用技能为核心，每个章节案例均配套拓展知识及演示视频，按照"职业岗位需求—课堂案例—软件功能解析—课堂练习—课后习题"这一思路层层展开，力求通过课堂案例演练以及企业项目流程解析，使读者深入地学习 UE4 的软件功能和制作特点；通过课堂练习和课后习题，拓展读者的实际应用能力。在内容编写方面，编者力求细致全面、重点突出；在案例选取方面，强调案例的针对性和实用性，以实用技能为核心。

3. 适用读者

本书面向 UE4 平台游戏开发初学者、数字媒体技术的初学者、游戏与数字孪生开发人员、虚拟现实技术专业学生等，也适合作为高等院校和培训机构的教学参考书。

二、配套资源

本书配套如下学习资源，可扫描书中相应二维码获取。

· PPT 课件、教学大纲、素材文件、案例工程文件等资源。

· 课程微课视频。

三、致谢

本书的编写过程中得到了江西软件职业技术大学副校长（VR 与艺术学院院长）梅龙、江西科技师范大学胡小强教授、美房云客软件科技有限公司及清华大学出版社编辑的大力支持，在此表示感谢。由于编者水平和学识有限，且书中涉及的知识内容较多，难免有错误和不足之处，恳请广大读者批评、指正，并多提宝贵意见。

编者

2023 年 5 月

本书思维导图

工程文件

目　录

第1章

初探虚幻引擎

📖 **导读**

虚幻引擎（Unreal Engine，UE）是 Epic Games 公司开发的面向下一代游戏机和个人计算机的游戏创作平台，其提供了游戏开发者需要的大量核心技术、数据生产工具和基础支持。作为开放、先进的实时 3D 创作工具，它可以免费下载和使用，所有工具和功能全部开箱即用，可以开发和发行多种类型跨平台游戏及定点娱乐产品。

💡 **职业能力目标**

- 掌握虚幻引擎编辑器的基本用法。
- 掌握虚幻引擎项目内容的创建方法。

⚙️ **拓展目标**

掌握外部 3D 资产导入虚幻引擎方法。

1.1 虚幻引擎基础概述

1.1.1 认识虚幻引擎

Epic Games 公司于 1998 年推出了第 1 代版本——"虚幻引擎 1"。经过不断发展，虚幻引擎已经成为开放的、先进的实时 3D 创作工具。从设计可视化和影视娱乐体验，到制作个人计算机、游戏机、移动设备、扩展现实（Extended Reality，XR）平台上的高品质游戏，虚幻引擎能为用户提供起步、交付、成长和脱颖而出所需的一切。

目前，市场上大部分团队用于开发项目所使用的引擎是成熟且稳定的第 4 代版本"虚幻引擎 4（简称 UE4）"。Epic Games 于 2022 年 4 月正式推出该引擎的第 5 代版本"虚幻引擎 5（简称 UE5）"，同时官方也公布了令人惊叹的示例图像样张和可游玩的演示等。虚幻引擎 5 新增两大核心技术——Nanite 和 Lumen。前者可以使得数以亿计的多边形组成的影视级美术资产直接导入虚幻引擎 5。后者是一套全动态全局光照解决方案，能够对场景和光照变化做出实时反应，且无需专门的光线追踪硬件。如图 1-1 所示。

图 1-1　虚幻引擎官方网站

注：虽然虚幻引擎 5 已发布，但考虑到技术的稳定性，本书将围绕虚幻引擎 4 展开，从首次打开引擎到严苛的挑战，层层剖析各个模块的基础知识和使用技巧，以便未来无缝衔接升级到虚幻引擎 5。

1.1.2　虚幻引擎的应用领域

历经 20 多年的发展，虚幻引擎凭借其领先的图形技术和稳健的多人框架制作过许多顶尖的游戏，如《战争机器》《堡垒之夜》《绝地求生》等。近年来，随着图形技术的飞速发展，软硬件的更新迭代，实时渲染技术被推向一个又一个的高度。纵观海内外市场，很多行业、领域都开始使用虚幻引擎来加速自己的工作流程，如影视动画、工业 / 建筑设计、广播与实况活动、数字虚拟角色等。虚幻引擎功能强大且稳健，其广阔的应用领域如图 1-2 所示。

游戏
使用我们的关键职业、关卡和示例开始你的游戏开发之旅。

影视与现场活动
选择适用于nDisplay、VR探查和虚拟制片工作流程的模板和示例。

建筑、工程与施工
为多用户设计评审、照片级建筑设计可视化、阳光研究或风格化演染选择一个起点。

汽车、产品设计和制造
为多用户设计评审、Photobooth工作室环境和产品配置器寻找适合的模板。

图 1-2　虚幻引擎的应用领域

1.1.3 获取虚幻引擎

虚幻引擎能够免费下载和使用。可以通过访问虚幻引擎的 GitHub 公开主页下载源代码，也可以通过下载可执行文件的方式来安装引擎。但运行虚幻引擎编辑器的计算机必须满足特定的硬件和软件要求。

1. 开发环境配置

在下载安装虚幻引擎之前，需要先安装 Visual Studio（简称 VS），它是虚幻引擎默认的集成开发环境（Integrated Development Environment，IDE），能与虚幻引擎完美结合，使开发者能够快速、简单地改写项目代码，并能即刻查看编译结果。虽然有时会使用蓝图（Blue Print）创建项目，但虚幻引擎的底层由 C++ 代码实现，蓝图可视化节点也是由 Epic 封装好的 C++ 代码，所以 Visual Studio 是虚幻引擎开发项目的必备安装工具。

多年来，随着虚幻引擎的发展，Visual Studio 也在改进。如图 1-3 所示为已集成二进制版虚幻引擎的 Visual Studio 版本。

虚幻引擎版本	Visual Studio版本
4.25或更高版本	VS 2019 (Default)
4.22或更高版本	VS 2017 / VS 2019
4.15或更高版本	VS 2017
4.10 - 4.14	VS 2015
4.2 - 4.9	VS 2013

图 1-3　Visual Studio 版本

Visual Studio 是微软（Microsoft）公司的开发工具包系列产品，在其官方网站可以免费下载。进入页面搜索 Visual Studio 2019，然后单击下载按钮即可，如图 1-4 所示。

图 1-4　Visual Studio 2019 下载界面

由于 Visual Studio 是虚幻引擎默认 IDE，所以无须什么特殊配置。在双击打开安装程序后，如图 1-5 所示，在"工作负荷"选项卡下勾选"使用 C++ 的游戏开发"。

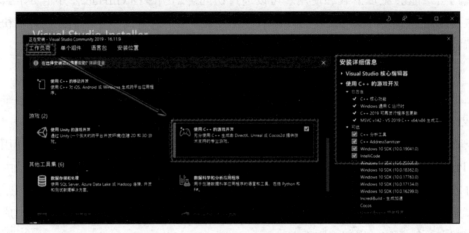

图 1-5　Visual Studio 2019 安装详情 1

接着，在单个组件里选择一个 4.6 以上版本的 .NET Framework SDK，这里选择的是 4.7.2 版本。最后，设置安装位置，单击右下角的"安装"按钮即可。如图 1-6 所示。

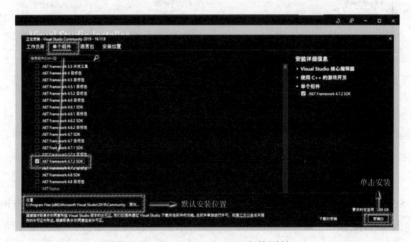

图 1-6　Visual Studio 2019 安装详情 2

小提示

如已安装 Visual Studio 2019，可打开 Visual Studio Installer 程序，单击修改，确保安装上述图中组件。

2. 硬件规格

推荐运行虚幻引擎的计算机硬件要求，如表 1-1 所示。

表 1-1　运行虚幻引擎的计算机硬件要求

DirectX版本	DirectX 11 或 12
显卡	NVIDIA GeForce RTX 3070 或更高
内存	32GB 或更多
处理器	Intel/AMD 八核处理器，3.4GHz 或更快
硬盘	256 GB SSD（系统盘）/ 2TB SSD（数据盘）

3. 下载和安装启动程序

下载和安装启动程序（Epic Games Launcher）的具体步骤如下。

步骤 1：访问虚幻引擎官方网站的下载页面，根据用途选择符合需要的许可证类型，如图 1-7 所示。

图 1-7　Epic Games 启动程序下载页面

步骤 2：单击选择的许可证类型下对应的"立即下载"按钮，网页跳转并提示需要身份验证，如图 1-8 所示。

步骤 3：根据提示注册 Epic Games 账号以便身份验证，如图 1-9 所示。

图 1-8　Epic Games 身份验证

图 1-9　注册 Epic Games 账号

步骤 4：注册完账号后，验证身份。验证成功后，Epic Games 启动安装程序将下载到计算机。完成下载之后，运行安装程序并等待安装完毕。

4. 安装虚幻引擎

在上述内容完成后，双击打开 Epic Games 启动程序，使用此前注册好的账号登录。在启动器主页面选择"虚幻引擎"选项卡进入"库"中，如图 1-10 所示。

图 1-10　Epic Games 启动器主页面

在库选项卡中单击引擎版本旁边的"+"按钮，然后从下拉菜单中选择要安装的引擎版本，然后单击"安装"按钮，如图 1-11 所示。由于系统规格和网络连接速度的不同，虚幻引擎的下载和安装过程可能需要 10～40 分钟，某些情况下可能耗时更长。

图 1-11　安装虚幻引擎

注：本书采用虚幻引擎 4.26.2 版本进行教学，如上述图中已经安装完成，单击启动按钮即可打开虚幻引擎。

1.2　创建虚幻引擎项目

1.2.1　创建新项目

1.选择项目类别和模板

在新建项目（New Project）页面，根据所在行业的开发类别，可从"游戏""影视与现场活动""建筑""工程与施工"或"汽车""产品设计和制造"中选择相应的类。项目开发类别不同，虚幻引擎提供的模板类别也不同，下面内容将选择"游戏"类别来创建一个新项目，如图 1-12 所示。

虚幻引擎
模板参考

图 1-12　选择新项目类别

单击"下一步"按钮后，来到选择模板页面。可以选择一个不包含任何内容的空模板来创建，也可以使用现有的模板作为游戏或应用程序的基础。虚幻引擎模板中包含角色控制器、蓝图和其他不需要额外配置即可运行的功能。选择"第一人称游戏"模板，如图 1-13 所示。

图 1-13　选择模板

2. 项目设置

使用"第一人称游戏"模板进入下一步，来到项目设置（Project Settings）页面。此页面可以选择项目的"质量""目标平台""是否包含初学者内容包"等，这些设置均可以单击切换不同的选项来查看其详细的说明。这里为新项目设置"使用蓝图""最高质量""已禁用光线追踪""桌面 / 主机""包含初学者内容包"来创建项目。接着输入项目存储的位置和项目的名称，单击"创建项目"按钮，如图 1-14 所示，等待项目加载完成进入虚幻引擎编辑器界面。

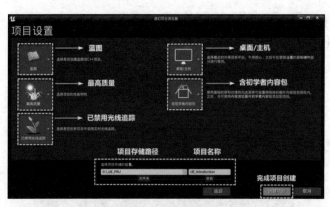

图 1-14　项目设置

3. 项目文件结构

虚幻引擎项目（Project）保存着构成"游戏"所需的所有内容和代码。项目在创建时设置的存储路径上由许多目录构成，如图 1-15 所示。

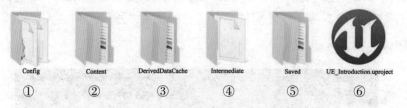

图 1-15　虚幻引擎项目文件结构

所有的项目目录属于最高一级，其包含与该项目有关的所有文件，如图 1-15 所示的文件，其详细信息如表 1-2 所示。

表 1-2　项目目录信息

编号	说　　明
①	项目默认配置文件，包含的参数可用于控制引擎的行为
②	保存引擎或游戏中的内容，如模型、材质等

续表

编号	说　明
③	包含派生数据文件。这类数据专为被引用内容生成，并且在加载时生成。假如被引用内容未生成过缓存文件，则加载时间会显著增加
④	包含编译项目（Unreal Build Tool）时生成的临时文件。如使用 C++ 创建项目，这些文件可以删除并重新构建
⑤	包含引擎生成的文件，如配置文件和日志。这些文件可以删除并重新构建
⑥	项目的工程文件。打开或保存项目必须要用到

1.2.2　关卡编辑器操作指南

虚幻引擎提供了"工具""编辑器"和"系统"的组合供开发者用于创建游戏或应用程序。工具是用来执行特定任务的用具，如在关卡中放置 Actor 或绘制地形。编辑器是工具的集合，用来实现更复杂目标，例如，关卡编辑器可以构建游戏关卡，或者在材质编辑器中调整材质外观。系统是大量功能的集合，这些功能通过协同作用，实现了游戏或应用的各个子系统，例如，蓝图是一种使脚本编写可视化的系统。

对于初次接触虚幻引擎编辑器的用户来说，掌握一些和用户界面有关的工作流程和基本概念很有必要。下面列出了一些有助于快速上手"关卡编辑器"的主题内容，在后续的章节中我们将学习其他的编辑器工具。

1. 了解专业术语

在正式学习编辑器工具之前，必须先了解一些常用专业术语，如表 1-3 所示。

表 1-3　相关专业术语

术　语	说　明
世界	世界（World）是一个容器，包含了游戏中的所有关卡。它可以处理关卡的加载和卸载，还能生成动态 Actor
关卡	关卡（Level）是用户定义的游戏区域。关卡包含了玩家能看到的所有内容，如几何体、Pawn 和 Actor
Actor	所有可以放入关卡的对象都是 Actor，如摄像机、静态网格体、玩家起始位置。Actor 支持三维变换，如平移、旋转和缩放
类	类（Class）用于定义 Actor 或对象的行为和属性
对象	对象（Object）是最基本的类，就像最基本的构建单位，包含了资产的基本功能
蓝图	蓝图（Blueprint）是一种功能齐全的可视化编程系统
Pawn	Pawn 是 Actor 的子类，它可以充当游戏中的人物（如游戏中的角色）或化身

续表

术　语	说　　明
角色	角色（Character）是 Pawn 的子类，用作玩家角色。角色子类包括碰撞设置、双足运动的输入绑定，以及用于控制运动的附加代码
组件	组件（Component）是可以添加到 Actor 上的一项功能，必须绑定在 Actor 上，无法单独存在
游戏模式	游戏模式（GameMode）类负责设置当前游戏的规则，如玩家如何加入游戏，是否可以暂停游戏等与游戏相关的行为等
玩家控制器	玩家控制器（Player Controller）会获取游戏中玩家的输入信息，然后转换为交互效果，每个游戏中至少有一个玩家控制器。玩家控制器通常会控制一个 Pawn 或角色，将其作为玩家在游戏中的化身

注：上述表格中使用了一些编程概念，如"类"和"子类"。在 C++ 代码中，类是包含可执行变量和行为的代码模板。子类是从父类继承部分或全部代码和功能的类。

2. 默认界面

默认情况下，创建或打开项目时，虚幻引擎的主界面就是关卡编辑器，它是构建游戏的主要编辑器，可以使用它添加不同类型的 Actor 和几何体、蓝图可视化脚本、粒子视觉效果等来创建关卡。关卡编辑器默认界面可以分成 7 个区域，它们提供了关卡创建方面的核心功能，如图 1-16 和表 1-4 所示。

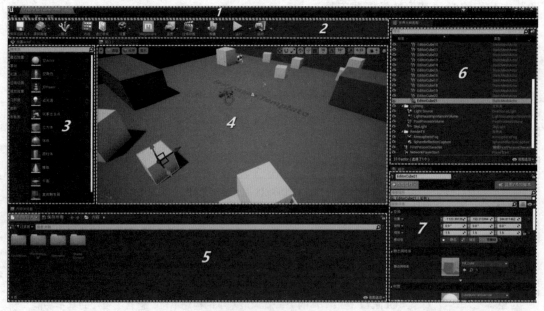

图 1-16　关卡编辑器默认界面

表 1-4 关卡编辑器界面说明

编号	名 称	说 明
1	选项卡和菜单栏	显示当前关卡的名称。菜单栏提供了对编辑器中处理关卡时所用通用工具和命令的访问权限
2	工具栏	显示一组命令，以便快速访问一些常用工具和操作。例如打开关卡蓝图、运行项目、构建光照等
3	放置 Actor	包含虚幻引擎已经定义好的基础 Actor，可以直接拖动放置到视口中
4	视口	在虚幻引擎中观察所创建的世界的窗口，有透视和正交两种类型视图
5	内容浏览器	关卡编辑器的主要区域，用于创建、导入、组织、查看及修改内容资产
6	世界大纲视图	大纲视图以层次化的树状图形式显示了场景中的所有 Actor
7	细节面板	显示视口中当前选中对象的信息、工具及功能和选中 Actor 的所有可编辑属性

关卡编辑器界面说明（上）

关卡编辑器界面说明（下）

3. 创建关卡

在游戏中，玩家看到的所有对象和交互的所有对象，都保存在一个世界中。这个世界称之为关卡（Level）。在虚幻引擎 4 中，关卡由静态网格体（Static Mesh）、体积（Volume）、光源（Light）、蓝图等内容构成。这些丰富的对象，共同构成了玩家的游戏体验。关卡可以是广袤无边的开放式场景，也可以是只包含寥寥几个 Actor 的小关卡。

可以在内容浏览器中和创建资产一样（如蓝图类、材质或粒子系统）创建关卡。由于关卡是项目的基本单位，也可以在文件菜单中创建，如图 1-17 所示。

选择新建关卡后，引擎会打开一个窗口，其中包含可用作关卡起点的各种模板，如图 1-18 所示。

图 1-17 创建关卡

图 1-18 创建关卡模板

新的关卡创建完成后，需要先对其进行保存，然后再添加各种资产来创造游戏世界。当保存过一次关卡后，再次保存它们就变得很简单，在文件菜单或内容浏览器中即可完成。但首次保存关卡时，需要执行如图 1-19 所示的步骤。

图 1-19　保存关卡

关卡首次保存完成后，将作为资产存储在内容浏览器中，如图 1-20 所示。再次启动引擎时，双击即可打开该关卡。

图 1-20　关卡资产

4. 使用 Actor

所有可以放入关卡的对象都是 Actor，如摄像机、静态网格体、玩家起始位置。Actor 支持三维变换，如平移、旋转和缩放，也可以通过游戏逻辑代码创建或销毁 Actor。

创建游戏世界时，要做的就是在地图中四处摆放 Actor，修改它们的属性，从而创建场景。因此，使用 Actor 会涉及以下的操作。

1）放置 Actor

不管是使用资源浏览器中的 Actor 还是放置 Actor 面板中的，都需要使用鼠标拖动放置在视口中，如图 1-21 所示。

2）变换 Actor

变换 Actor 指的是移动、旋转、缩放（也就是调整 Actor 的位置、方向、大小）。操作

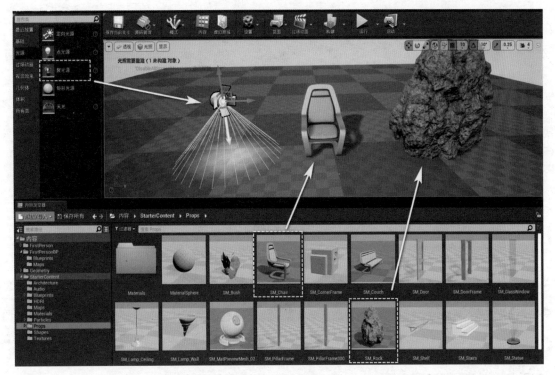

图 1-21　放置 Actor

这些变换可以在视口中使用变换小工具（gizmo）执行交互变换。小工具由多个部分组成，这些部分根据所影响的轴进行颜色编码，红色、绿色、蓝色分别表示 X、Y、Z 轴，如图 1-22 所示。小工具会采取不同的形式，具体取决于所执行的变换类型。如上述图中从左往右依次为平移、旋转、缩放，所对应的快捷键分别为 W、E、R。

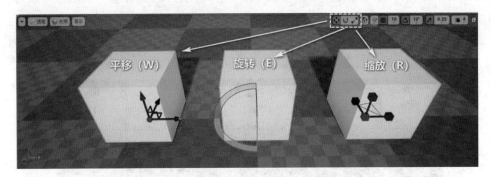

图 1-22　变换 Actor

3）调整 Actor 属性

Actor放入关卡后，可能需要修改它在关卡中的外观或功能，如缩放 Actor 的大小、赋予 Actor 材质、启用 Actor 的物理属性等。执行这些操作需要选中 Actor，然后在细节面板中找到可修改的 Actor 相关信息，如图 1-23 所示。

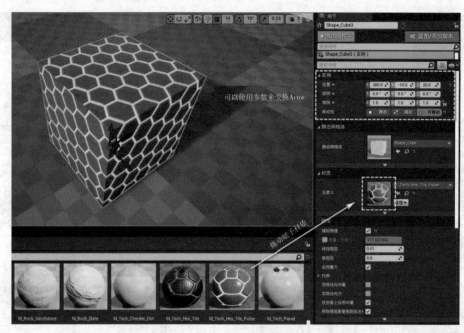

图 1-23　调整 Actor 属性

1.2.3　外部资产导入

通常情况下，构建游戏关卡除了使用引擎内置的资源外，还需要大量使用由外部 DCC（Digital Content Creation，数字内容创作）软件制作好的资产。在介绍最常用的资产导入方法与部分 DCC 软件导出网格体的工作流程之前，读者需要先在内容浏览器新创建一个文件夹来存储导入的内容，如图 1-24 所示。保持项目内容有条不紊是一种良好的工作习惯，也是一名从业者最基本的职业素养。

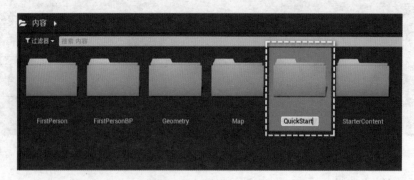

图 1-24　新建文件夹

1. 网格体和纹理导入

将外部资产添加到虚幻引擎项目的方法有多种，这里将着重介绍内容浏览器的导入（Import）功能。导入的过程如下。

步骤 1：在新创建的 QuickStart 文件夹中单击内容浏览器的"添加 / 导入"按钮打开对话框。导航到从本章附带课程资源中下载到的资产的路径，选中如图 1-25 所示中的文件，然后单击"打开"按钮将 FBX 网格体文件导入。

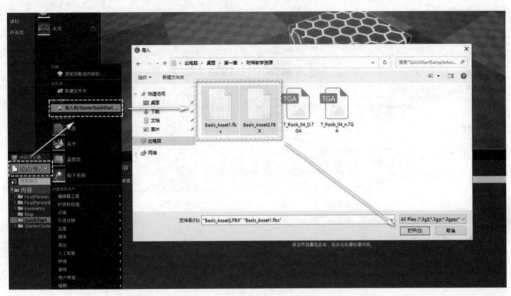

FBX 网格
体文件

图 1-25　导入网格体

步骤 2：单击"打开"按钮后，编辑器中将显示 FBX 导入选项对话框，根据需求可以对导入的资产进行设置是否要缩放、是否要导入材质等。单击"导入"或"导入所有"会将网格体添加到内容浏览器中，如图 1-26 所示。

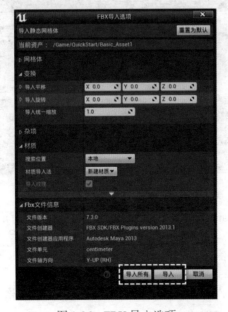

图 1-26　FBX 导入选项

步骤3：重复执行上述操作，选中如图 1-27 所示中的图像文件，单击"打开"按钮导入纹理资产。

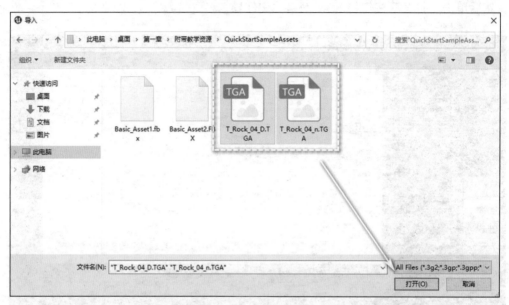

图 1-27　纹理导入

步骤4：单击内容浏览器中的"保存所有"按钮，将所有导入的资产进行保存，如图 1-28 所示。接着在显示保存内容（Save Content）对话框中单击"保存选中项"按钮。

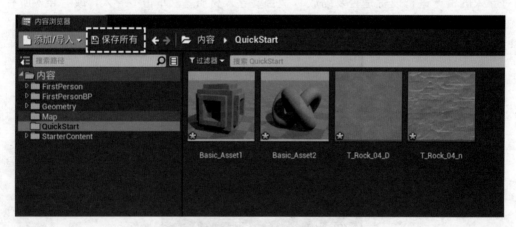

图 1-28　保存所有资产

步骤5：打开 QuickStart 文件夹，验证虚幻引擎创建了对应的资产文件，如图 1-29 所示。

2. 三维软件导出资产

通常情况下，三维软件中制作好的模型会导出成 FBX 格式的网格体文件。使用 Autodesk Maya 导出网格体文件的方法如下。

步骤 1：在视窗中选择要导出的模型，单击文件菜单中的"导出当前选择 ..."选项，如图 1-30 所示。

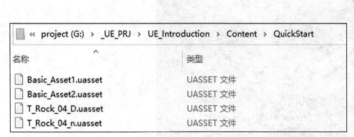

图 1-29　创建的资产文件　　　　　　　　　　　　　　图 1-30　Maya 导出 FBX 文件

步骤 2：在导出的对话框中，设置导出的路径和导出选项，并为 FBX 网格体文件命名，然后单击"导出全部"按钮创建包含网格体的 FBX 文件，如图 1-31 所示。

图 1-31　Maya 导出 FBX 并设置

3. 3ds Max 工作流程

使用 Autodesk 3ds Max 导出网格体文件的方法如下。

步骤 1：在视窗中选择要导出的模型，单击文件（File）菜单中的 Export Selected（导出选定项）（如果需要无视选择导出场景中的所有内容，则选择 Export），如图 1-32 所示。

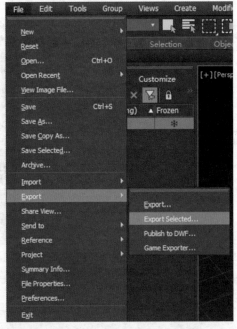

图 1-32　3ds Max 导出 FBX

步骤 2：在 FBX 导出（FBX Export）对话框中设置如图 1-33 所示的选项，然后单击 OK 按钮创建包含网格体的 FBX 文件。

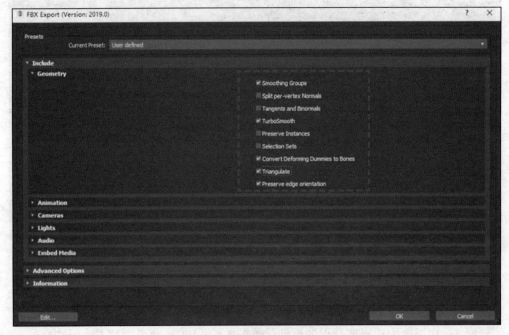

图 1-33　3ds Max 导出 FBX 设置

试一试

上述内容中的 FBX 导出设置是将静态网格体（Static Meshes）导出到虚幻引擎的最基础要求。结合本小节讲述的方法将三维软件导出的网格体 FBX 文件导入引擎并拖入场景中查看，如图 1-34 所示。

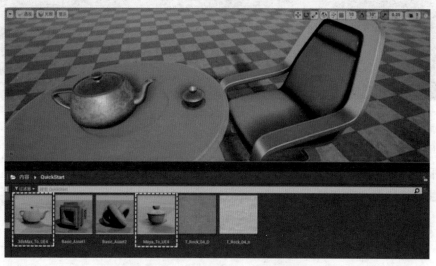

图 1-34　查看三维软件导出的模型资产

小提示

在使用三维软件制作模型时，为了方便在引擎中有效地编辑，需确保三维软件中场景的单位与虚幻引擎的单位保持一致。在虚幻引擎中，默认的单位是厘米（cm）。

◆ 本 章 小 结 ◆

本章旨在帮助初学者快速入门虚幻引擎。通过学习了解虚幻引擎的发展、应用领域、获取与安装、专业术语等理论知识。掌握使用它创建关卡、导入外部的资产等实践操作技巧，为学习后续章节打下坚实的基础。

◆ 练 习 题 ◆

1. 创造场景

结合本章节所学的知识，使用放置 Actor 面板和初学者内容包或外部导入的资源创建一个小场景。发挥创意，尝试添加一些光源、道具、墙体等，效果参考图 1-35 所示。

图 1-35　小场景参考图

2. 拓展练习

　　在本书附带的教学资源中下载"国家安全教育 VR 展厅"项目的原始 3ds Max 场景文件，尝试将其导入虚幻引擎。

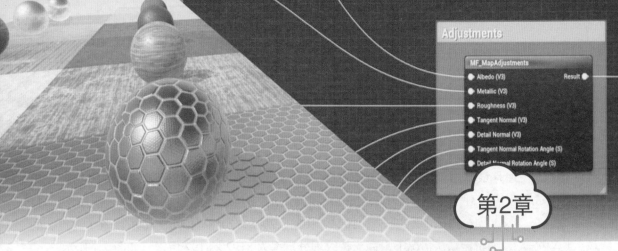

第2章

材质编译系统的应用

导读

材质，简单来说，是指物体的质地，也可以看成材料和质感的结合。在 3D 渲染领域，它是物体表面各可视属性的结合，包括表面的颜色、纹理、光滑度、粗糙度、透明度、反射率、折射率、自发光强度等。用更为专业的术语来说，当穿过场景的光照接触到物体表面后，材质被用来计算光照如何与其表面进行互动。这些计算是通过对材质的输入数据来完成的，而这些输入数据来自于一系列图像（贴图）、数学表达式，以及材质本身所继承的不同属性设置。正是有了这些属性，3D 艺术家们才能识别三维空间中的模型是由什么物质构成的，这也就有了"3D 材质"的概念。

职业能力目标

- 掌握材质制作的工作流程。
- 掌握纹理资产、材质资产的命名规范。
- 掌握主材质的制作方法，并能够将其实例化。

拓展目标

- 掌握材质函数和材质参数集的运用方法。
- 掌握 Quixel Megascans 材质资产库的使用方法。

2.1 材质的基础

2.1.1 材质系统的概述

在虚幻引擎中，纹理（Texture）、着色器（Shader）、材质（Material）三者都是组成材质系统的重要部分，理解它们的作用及意义是表现关卡环境与对象外观的关键因素之一。

1.纹理

纹理是最基本的数据输入单位，在游戏领域基本上用的是位图，此外还有程序化生成的程序纹理（Procedural Texture）。虚幻引擎支持标准的纹理分辨率，例如，1×1、2×2、4×4、16×16、32×32……1024×1024、2048×2048、4096×4096像素（满足 2 的 N 次幂），编辑器默认情况下最高支持纹理分辨率为 8192×8192 像素，如图 2-1 所示。

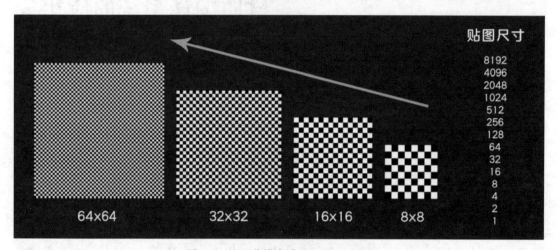

图 2-1　纹理分辨率满足 2 的 N 次幂

> **小提示**
>
> 　　纹理分辨率也可以是非正方形，但需要满足是 2 的 N 次幂的数字，例如，64×256、512×128、1024×2048、16×1024 像素等，所以纹理制作的规范是满足图像的边长为 2 的 N 次幂，边长不一定等比，但等比最好。

1）纹理的类型和资产命名规范

纹理通常由外部导入特定格式的 2D 图像文件至引擎中。在虚幻引擎基于物理的渲染（Physically Based Rendering，PBR）流程中，一个完整的 PBR 材质通常会包含基础色、金属度、粗糙度和法线等几种纹理，这些纹理本质上都是图片，如图 2-2 所示。

在实际的工作中，美术师会导入很多不同用途的纹理至引擎中来制作材质。为了高效迭代数字资产和规范管理项目，通常会制定一些规则来对纹理资产进行管理（通过名称来区分不同纹理，如表 2-1 所示，以下仅为规范框架，并非绝对），也就是所说的命名规范。使用"T_"作为前缀来对纹理进行命名，T 就是 Texture 的缩写。合理地对资产进行规范命名与管理能提高工作效率，这也是一名从业者最基本的职业素养。

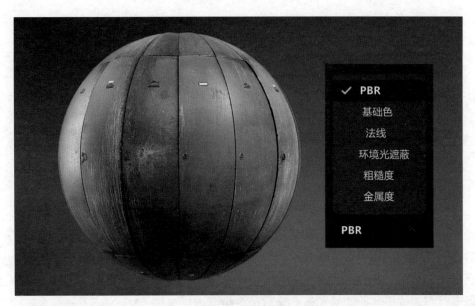

图 2-2　PBR 材质

表 2-1　常用纹理类型的命名

纹 理 类 型	名　　称	命 名 规 范
基础色 / 固有色 / 漫反射	Base Color/Diffuse/Albedo	T_Color 或 T_Diffuse
粗糙度	Roughness	T_Roughness 或 T_R
法线	Normal	T_Normal 或 T_N
环境光遮蔽	Ambient Occlusion	T_Ambient Occlusion 或 T_AO
金属度	Metallic	T_Metallic 或 T_M

小提示

关于 Base Color/Diffuse/Albedo 在学术上会被翻译成基础色、固有色或漫反射，这些名词没有普遍接受的标准定义。从语言学的角度来说，三个词都是同一个东西的不同说法。目前来说，最普遍的理解就是三者相等。并且这种理解不会带来歧义与不便，无须特别纠正。

2）纹理的导入和多级渐进式纹理

当纹理导入虚幻引擎后，是否就可以直接使用呢？

请观察图 2-3 思考一个问题："在给图中立方体赋予材质时为了能看清立方体的细节，在其材质中输入了一张 4k 分辨率的纹理。当立方体移动距离摄像机越来越远，直到在画面中呈现仅有几个像素效果时，仍然需要给它输入一张 4k 分辨率纹理吗？"

图 2-3　纹理示例

经过思考，答案很显然是不需要的，因为始终使用一张纹理会造成资源的浪费，消耗项目运行的性能。虚幻引擎可以根据物体远离摄像机的距离来重新调整纹理的尺寸，当物体离摄像机越远时，使用的纹理分辨率越小；离摄像机越近时，使用的纹理分辨率越大，这样做可以实现效果和性能的平衡，这就是多级渐进式纹理（MipMap）的概念。

MipMap 还有一个作用是避免远处细节闪烁，要实现该功能，步骤如下。

步骤 1：导入两张分辨率分别为"250×250"和"256×256"的纹理，并制作两个材质，如图 2-4 所示。将它们分别赋予场景中的网格体。

图 2-4　使用导入的纹理制作两个简易的材质

步骤 2：在编辑器视窗中对比图 2-5 和图 2-6 的视觉效果，可以清晰地看出使用纹理分辨率为 250×250 的材质时，网格体远离摄像机处出现了闪烁的"摩尔纹"现象，而使用纹理分辨率为 256×256 的材质时，网格体的视觉效果是正常的。这是因为纹理分辨率 256×256 的图片边长正好满足 2 的 N 次幂规格。通常情况下，外部导入虚幻引擎的纹理边长只要满足 2 的 N 次幂规格，引擎会自动设置了 MipMap，为纹理生成多张缩小 2 倍的纹理，目的是"优化性能"和"避免远距离产生摩尔纹现象"，这也就是为什么纹理制作的规范需要满足图像的边长为 2 的 N 次幂规格。

有一些特殊情况下的纹理是不需要设置 MipMap 的，如用于用户界面（User Interface，UI），高动态范围贴图（High-Dynamic Range Image，HDRI）等的纹理。具体修改 MipMap

设置的方法：依次打开"纹理"→"细节面板"→"层次细节"→"Mip 生成设置"标签，如图 2-7 所示。

图 2-5　纹理分辨率为 250×250 的材质效果

图 2-6　纹理分辨率为 256×256 的材质效果

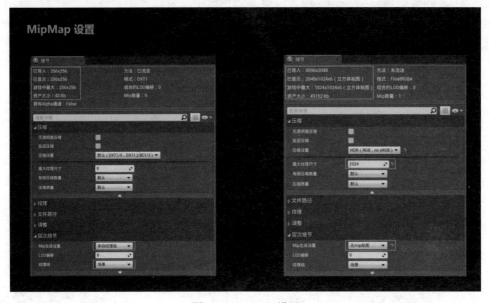

图 2-7　MipMap 设置

3）纹理的采样

纹理无法直接应用在材质上，需要使用 Texture Sample 纹理采样器节点对纹理进行采样后输出的结果，才能连接至材质，实现该功能的步骤如下。

步骤 1：打开虚幻引擎，在内容浏览器中右击创建一个新的材质，命名为 M_TextureSample，如图 2-8 所示。

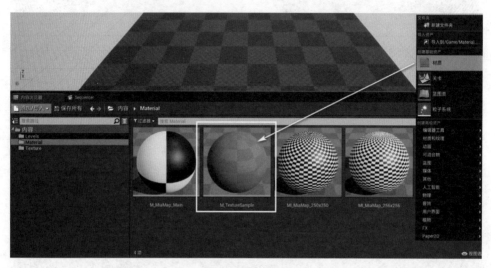

图 2-8　新建材质

步骤 2：双击新建的材质，打开材质编辑器面板，在 Texture 文件夹内选中需要使用的纹理资产，回到材质编辑器中按"T+ 鼠标左键"或直接将纹理拖曳至材质编辑器节点面板，可以直接创建 Texture Sample 节点并且对选中的纹理进行采样。将纹理采样节点的输出端 RGB 连接至材质的基础颜色，观察左侧视口中的材质预览效果，如图 2-9 所示。

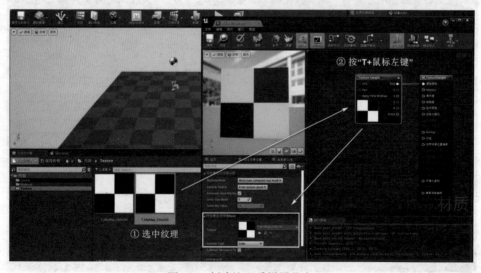

图 2-9　创建纹理采样器节点

步骤 3：按 "U+ 鼠标左键" 创建纹理坐标（Texture Coordinate）节点，将其输出端连接至 Texture Sample 节点的 UVs 输入端。在纹理坐标节点的细节面板调节 UTiling 和 VTiling 的值为 5，观察左侧视口中的材质预览效果，如图 2-10 所示。

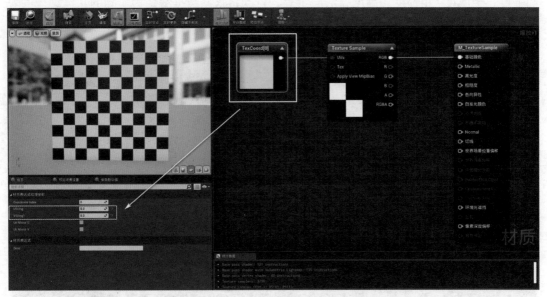

图 2-10　纹理坐标节点调节纹理采样

小提示

　　纹理需要被纹理采样器节点采样后才能使用。纹理坐标（Texture Coordinate）节点决定了如何对纹理进行采样，它默认输出 U 方向和 V 方向的值为 0～1，采样整个纹理。需要注意的是，在虚幻引擎中，纹理坐标的原点（0，0）在其左上角。

2. 着色器

计算机图形学领域中，着色器是一种计算机程序，原本用于进行图像的明暗处理（计算图像中的光照、亮度、颜色等）。近年来，它也被用于处理 CG（Computer Graphics）特效、进行与明暗处理无关的视频后期处理，甚至用于一些与计算机图形学无关的其他领域。

在图形硬件上使用着色器计算渲染效果有很高的自由度。尽管不是硬性要求，但目前大多数着色器是针对 GPU 开发的。GPU 的可编程绘图管线已经全面取代传统的固定管线，可以使用着色器语言对其编程。构成最终图像的像素、顶点、纹理，它们的位置、色相、饱和度、亮度、对比度也都可以利用着色器中定义的算法进行动态调整。调用着色器的外部程序，可以向着色器提供的外部变量、纹理来修改这些着色器中的参数。

现代电子游戏开发平台，如 Unreal Engine、Unity 越来越多地包含了基于节点的编辑器，允许创建着色器而无须编写实际的代码。向用户展现了包含相互连接的节点的有向图，允许用户将各种各样的纹理、映射和数学函数直接导向输出值，如漫反射颜色、高亮和强度、金属度 / 粗糙度、高度、法向量等。自动将这些数据编译为实际的、已编译的着色器。如图 2-11 所示。

图 2-11　虚幻引擎中的 Shader 代码

3. 材质

简单来说，材质可以看成封装好的着色器集合，通过与不同颜色和纹理的组合来表现物体的质感与肌理效果，主要体现为物体对光的交互效果（颜色、凹凸、反射、模糊等）。例如，金属对光的反射和泥土对光的反射性质是完全不一样的，渲染时根据材质的不同计算出不同的颜色与质感。材质是表面各可视属性的结合，这些可视属性是指表面的色彩、纹理、粗糙度、金属性、透明度、反射率、折射率、发光度等。

材质可以理解为特定的商品，着色器则是加工这种商品的方法，而纹理就是加工过程中需要的原料，如表 2-2 所示。

> **小提示**
>
> 在 CG 领域中，有时会将纹理称之为贴图（Map）。实际上贴图不是图像文件，它是一种纹理映射（Texture Mapping）技术，其功能是把纹理通过 UV 坐标映射到 3D 物体的表面。一般来说，材质包含贴图，贴图包含纹理，如常说的"漫反射贴图"，是赋予了一个基于"漫反射纹理"的贴图。

表 2-2　纹理、着色器、材质释义

英文	中文	本　质	说　明
Texture	纹理	图像文件	用于提供某种基于像素的数据。这些数据可能是对象的颜色、光泽度、金属度等。通过 UV 坐标，可以将纹理映射到三维物体的表面
Shader	着色器	程序	编译显卡渲染画面的算法，决定三维网络数据以何种形式显示出来的可编辑规则
Material	材质	数据集	封装的着色器合集。表现三维物体对光线的交互，供渲染器读取的着色器数据集

2.1.2　认识基于物理的渲染

PBR（Pysically Based Rendering）是指使用基于物理原理和微平面理论建模的着色 / 光照模型，以及使用从现实中测量的表面参数来准确表示真实世界材质的渲染理念。自迪士尼在 SIGGRAPH 2012 上提出了著名的"迪士尼原则的 BRDF（Disney Principled BRDF）"之后，PBR 由于其高度的易用性以及方便的工作流程，已经被电影和游戏业界广泛使用。

1. "基于物理"的含义

"基于物理"即基于物理的明暗处理，意味着按照物理世界的规则去实时计算三维物体的光照情况，而不是凭直觉去主观地调整光照。通过 PBR 这种计算机图形动画（Computer Graphics）制作的理念和原则，可以很容易地套用现实世界中的经验，渲染出更准确且逼真的视觉效果。

寒霜（Frostbite）引擎在 SIGGRAPH 2014 分享的 Moving Frostbite to PBR 中提出，基于物理的渲染的范畴，由基于物理的材质（Material）、基于物理的光照（Lighting）和基于物理适配的摄像机（Camera）三部分组成，如图 2-12 所示。

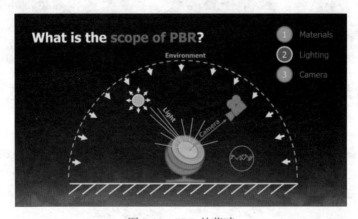

图 2-12　PBR 的范畴

2. 基于物理的材质系统

渲染器使用 PBR 时，具有规范的材质纹理工作流程，环境光线采用 Linear 线性模式，原 Gamma 模式不再适用。

"基于物理"的材质在所有照明环境中都可以同样完美地工作。另外，材质的数值可以不那么复杂，相互依赖也可以少一些，从而产生更加直观的界面。这些优点都使 PBR 的工作流程更适合高效的生产制作，如图 2-13 所示。

图 2-13　传统材质效果与基于 PBR 的材质效果

PBR 有两种工作流程（见图 2-14）：金属–粗糙度工作流（Metal-Roughness Workflow）和反射–光泽度工作流（Specular-Glossiness Workflow）。

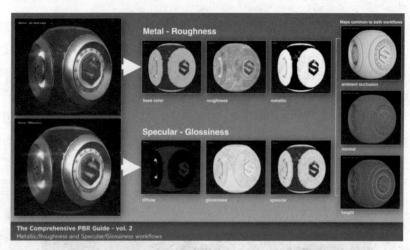

图 2-14　PBR 的两种工作流程

虚幻引擎采用的是金属粗糙度工作流。在材质系统的"基于物理"方面，最需要熟悉的属性有四个：基础色（Base Color）、粗糙度（Roughness）、金属色（Metallic）、高光（Specular），这些属性的输入值都设计成 0～1。基础色表示 RGB 值为 0～1 的颜色。

2.1.3　材质编辑器的操作指南

材质编辑器（Material Editor）是一个基于节点的图形界面，它允许创建着色器，这些着色器并非通过编写代码来实现，而是通过编辑器中的可视化脚本节点（称为"材质表达式"）所组成的网络来构建，每一个节点都包含 HLSL（High Level Shader Language，高阶着色器语言）代码片段，并用于执行特定的任务。这些着色器可以应用到场景中的物体，如静态和骨架网格体，或者与其他系统一同使用以创建有趣的材质。

1. 材质编辑器 UI

打开材质编辑器，可以通过双击打开现有材质，或者在内容浏览器空白处右击打开菜单，选择新建"材质"命令，然后再双击打开新创建的材质，如图 2-15 所示。

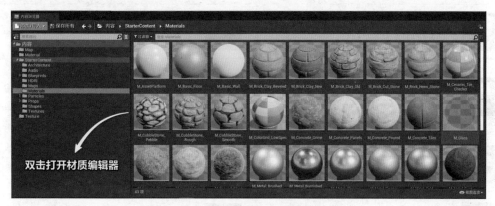

图 2-15　双击打开现有材质

当执行完以上任一操作后，该材质将在材质编辑器中打开，以便进行编辑。材质编辑器中不同区域都有不同的功能面板，如图 2-16 所示。

图 2-16　材质编辑器

材质编辑器面板主要分为七个功能面板。

1）菜单栏

菜单栏中主要是当前材质的文件编辑选项，如文件、编辑、资产、窗口、帮助。

2）工具栏

工具栏中主要显示编辑材质时的常用工具，其功能描述如表 2-3 所示。

表 2-3　材质编辑器工具栏功能描述

工具图标	功能描述	工具图标	功能描述
保存	保存当前资源（将已编辑的资源写入项目内容）	实时节点	切换图表画布的实时更新
浏览	在内容浏览器中寻找并选择当前资源	实时更新	启用后，将在每次添加、删除、连接、断开连接或修改其属性值时编译所有子表达式的着色器（禁用此选项可提升材质编辑器性能）
应用	将在材质编辑器中进行的修改应用到场景中，以进行效果测试（此操作不会保存当前资源）	隐藏不相关	隐藏未连接到所选节点的所有其他节点，以便更清晰直接的方式对材质和蓝图进行调试与理解
搜索	在当前材质中搜索目标表达式和注释	统计数据	在图表面板中显示或隐藏材质统计数据
主页	将基础材质节点（主材质节点）在图表面板中居中显示	平台数据	切换窗口显示多个开发平台的材质数据和编译错误
清理	删除未连接到材质的所有材质节点	预览节点	预览指定特征等级或者不同质量等级的材质节点
连接器	显示或隐藏没有任何连接的材质节点	层级	用于查看或快速跳转到与本材质相关联的子材质和实例
实时预览	启用后将切换预览材质的实时更新（禁用此选项可提升材质编辑器性能）		

3）视口面板

视口面板主要用于预览材质在指定网格体上的效果，便于材质在编辑过程中实时查看调整结果。

4）细节面板

细节面板包含材质的属性和默认参数值，前者负责显示当前选中的材质表达式和函数节点的属性窗口，如未选择节点将显示当前所编辑材质的基础材质属性；后者负责显示当前材质中的可调节参数和分组情况。

5）图表面板

图表面板是材质编辑器中可视面积最大的区域，也是最重要的操作视口，负责材质编辑器中所有可视化节点的编辑操作，所以也属于此材质的所有材质表达式的图表。每个材质默认包含一个单一基础材质节点（主材质节点），此节点拥有一系列输入接口，每个接口都与材质的不同属性相关。

6）控制板面板

控制板面板中包含了当前项目中所有材质节点的列表，包括引擎中自带的材质表达式和自定义函数节点，且有详细的归类与快捷键提示，便于快速地查找所需节点。如需使用可通过拖放的方式快速放置在图表面板中使用。

7）统计数据栏

统计数据栏中主要显示当前材质中使用的着色器指令数量和编译器错误。指令数量越少，材质的开销越低。

2. 材质的输入类型和设置

默认创建的材质有多个输入接口，向这些输入接口填入不同的数据（常量、参数和纹理），就可以定义想象中的任何物理表面。如图 2-17 所示。

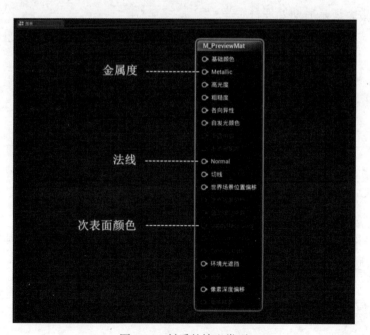

图 2-17 材质的输入类型

材质的所有输入并不是对创建的每种类型材质都有用。例如，在开发光照函数（Light Function）时，只能在材质上使用自发光颜色（Emissive Color）输入，因为其他输入（如金属感（Metallic）或粗糙度（Roughness））不适用。正因为如此，对于创作者来说，了解正在创建的材质类型非常重要。其中需要熟悉三个主要的控制属性，如图 2-18 所示。

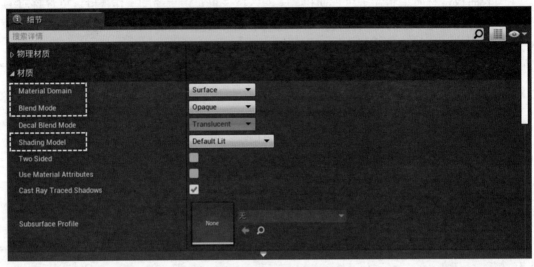

图 2-18　材质的属性设置

材质域、混合模式和着色模式选项说明

- 材质域（Material Domain）——此属性控制材质的使用方式，如作为表面的一部分、光照函数，还是后期处理材质等。
- 混合模式（Blend Mode）——此属性控制当前材质的输出如何与背景中已绘制的内容进行混合。
- 着色模型（Shading Model）——此属性控制构成材质的输入数据，打造出最终外观。

小提示

虚幻引擎不需要创作者猜测各种材质应使用什么输入。在材质中更改以上设置时，可用的输入会自动更新，而不需要的输入将被禁用（呈现灰色）。

针对常见的不透明（Opaque）材质混合模式，需要掌握以下基础的材质输入类型。

1）基础颜色

基础颜色（Base Color）定义材质的整体颜色。它接收 Vector3（R，G，B）值，并且每个通道的数值都自动限制为 0~1，如图 2-19 所示。

2）金属度

金属度（Metallic）定义了表面在多大程度上"像金属"。非金属的 Metallic 值为 0，金属的则为 1。对于纯表面，如纯金属、纯石头、纯塑料等，此值是 0 或 1，而不是任何介于它们之间的值。创建受腐蚀、落满灰尘或生锈金属之类的混合表面时，可能会需要使用 0~1 的值，如图 2-20 所示。

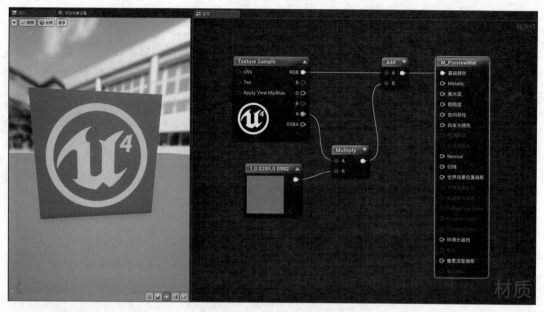

图 2-19　材质输入－基础颜色

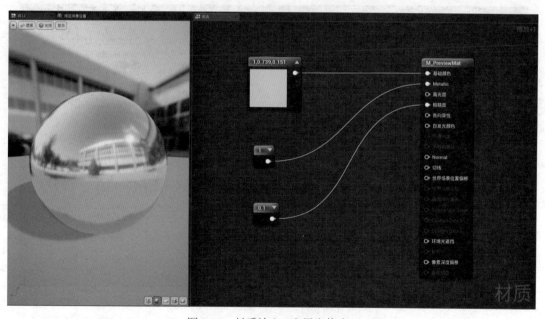

图 2-20　材质输入－金属度值为 1

3）高光度

在编辑非金属表面材质时，有时需要调整其反射光线的能力，尤其是高光属性。更新材质的高光度（Specular），需输入介于 0（无反射）和 1（全反射）之间的标量数值，如图 2-21 和图 2-22 所示。

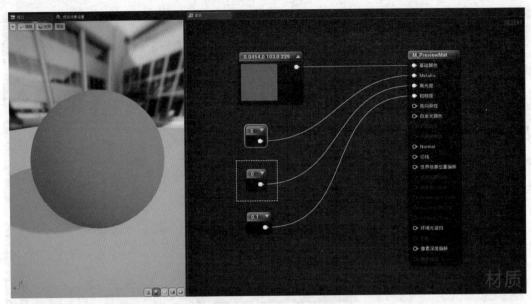

图 2-21　材质输入－高光度值为 0

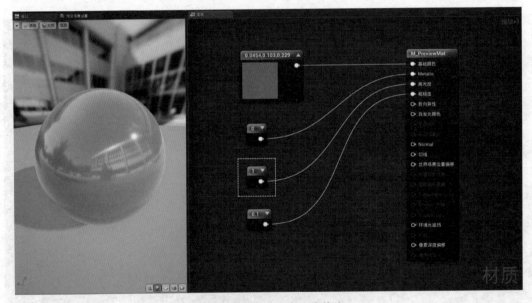

图 2-22　材质输入－高光度值为 1

小提示

材质的默认高光度值为 0.5。

4）粗糙度

粗糙度（Roughness）定义了材质表面的粗糙或平滑程度。与平滑的材质相比，粗糙的材质将向更多方向散射所反射的光线。这决定了反射的模糊或清晰度（或者镜面反射高光的广度或密集度）。粗糙度为 0 是镜面反射表面，而粗糙度为 1 是漫反射（或无光）表面，如图 2-23 和图 2-24 所示。

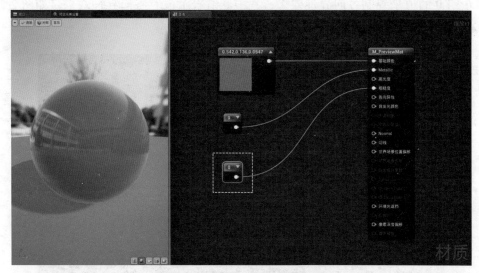

图 2-23　材质输入–粗糙度值为 0

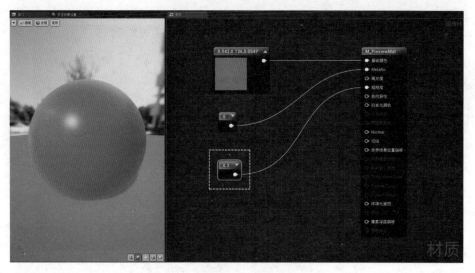

图 2-24　材质输入–粗糙度值为 0.3

小提示

粗糙度是一个属性，它将被频繁地在对象上进行贴图，以便向表面添加大部分物理变化。

5）各向异性与切线

各向异性（Anisotropy）和切线（Tangent）定义了材质粗糙度的各向异性和光源方向性。如果材质要展现类似拉丝金属的各向异性效果，这两项输入至关重要。可以使用 −1.0～1.0 的值来控制各向异性效果，其中 0 值表示没有各向异性效果，如图 2-25 和图 2-26 所示。

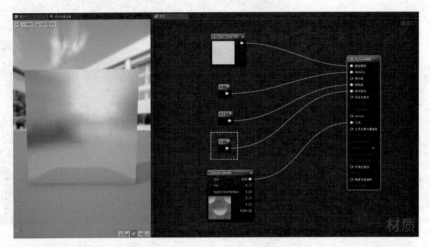

图 2-25　材质输入−各向异性值为 0

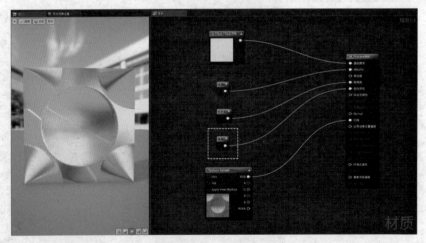

图 2-26　材质输入−各向异性值为 1

小提示

各向异性材质是默认启用的，但可以通过控制台输入（r.AnisotropicMaterials）指令禁用。

6）自发光颜色

自发光颜色（Emissive Color）将控制材质的哪些部分会发光。理想情况下这将获得一个遮罩纹理（除了需要发光的区域之外，大部分呈黑色）。由于支持 HDR 光照，所以允许输入大于 1 的值，如图 2-27 所示。

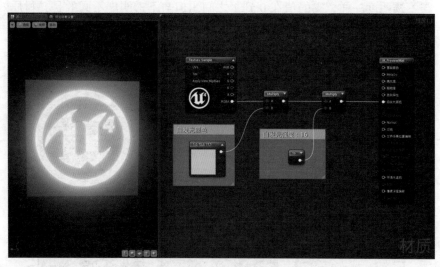

图 2-27　材质输入 – 自发光强度值为 16

7）不透明度

不透明度（Opacity）输入，通常适用于半透明（Translucent）和叠加（Additive）类型的材质。可以输入 0～1 的值，其中 0 代表完全透明，1 代表完全不透明，如图 2-28 所示。

图 2-28　材质输入 – 不透明度值为 0.7

小提示

默认材质的不透明度输入是禁用的，开启它需要修改材质的混合模式为半透明（Translucent）或叠加（Additive）。

8）不透明遮罩

不透明遮罩（Opacity Mask）类似于不透明度，但仅在使用遮罩（Masked）混合模式时可用。与不透明度一样，它的值在 0 到 1 之间。但与不透明度不同的是，材质效果中看不到不同深浅的灰色，如图 2-29 所示。

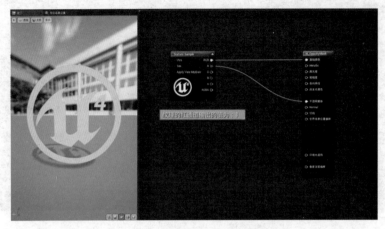

图 2-29　材质输入－不透明遮罩

小提示

在遮罩模式下时，材质要么完全可见，要么完全不可见。当需要定义复杂实心表面（如铁丝网、链环围栏等）的材质时，不透明遮罩是一种理想的解决方案。不透明部分仍将遵循光照的要求。

9）法线

法线（Normal）输入接收法线贴图（Normal Map），连接法线贴图后将打乱每个单独像素的"法线"或朝向方向，为表面提供重要的物理细节，如图 2-30 和图 2-31 所示。

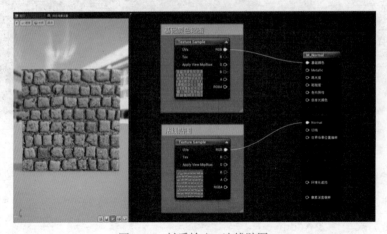

图 2-30　材质输入－法线贴图

图 2-31　法线贴图效果对比

10）环境光遮蔽

环境光遮蔽（Ambient Occlusion，AO）输入用来帮助模拟在表面缝隙中发生的自阴影效果。通常，此输入将连接环境光遮蔽贴图，这种贴图通常在 Maya、3ds Max 或 ZBrush 等三维建模软件或 Substance 这类贴图材质制作软件中创建，效果如图 2-32 所示。

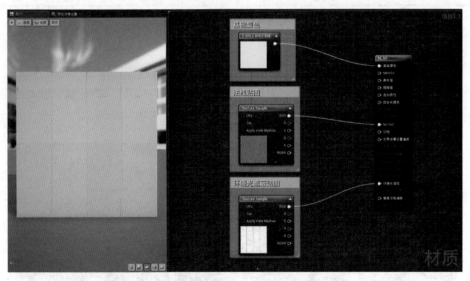

图 2-32　材质输入 – 环境光遮蔽

11）折射

折射（Refraction）输入接受一个纹理或数值，其模拟物体表面的折射率。它适用于玻璃和水这样的物质，因为光穿过这些物质时会发生折射现象，如图 2-33 所示。常见物质的折射率如表 2-3 所示。

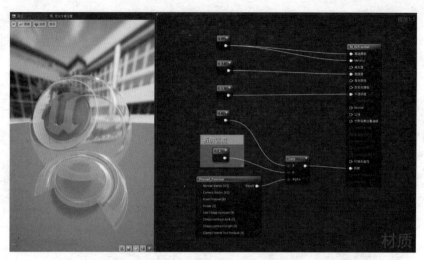

图 2-33　材质输入–折射率为 1.4

表 2-3　常见物质的折射指数

常 见 物 质	折 射 率	常 见 物 质	折 射 率
空气	1.00	玻璃	1.52
水	1.33	钻石	2.42
冰	1.31		

2.1.4　材质表达式参考

材质编辑器中可用的所有材质表达式，用于在虚幻引擎中构建完整功能的材质。每个材质表达式都是一个自含式黑盒，输出一个或多个特定值，或在一个或多个输入上执行单个运算，然后输出运算的结果。常用的材质表达式节点如图 2-34 所示。

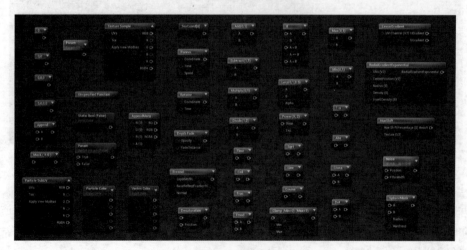

图 2-34　常用的材质表达式节点

1. 创建材质表达式

材质表达式可用于构建基于复杂节点的着色器网络。创建材质表达式通常有两种方法：一是在图表面板右击弹出的菜单中输入表达式名称，搜索相应的节点放置在图表面板中，如图 2-35 所示；二是通过控制板面板包含的材质节点列表，使用鼠标选中相应的节点，将其拖放在图表面板即可创建一个新的材质节点，如图 2-36 所示。

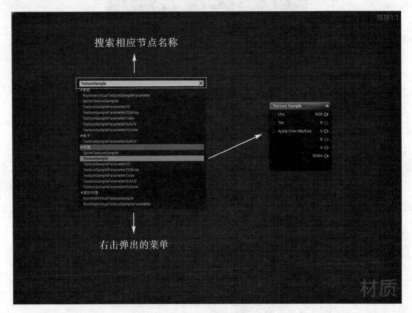

图 2-35　创建材质表达式节点方法 1（实际工作常用）

图 2-36　创建材质表达式节点方法 2

2. 材质表达式属性

所有材质表达式节点都包含提供不同类型信息的同一种属性。在下文中，使用

Texture Sample 节点来重点解释这些常用属性，如图 2-37 和表 2-4 所示。

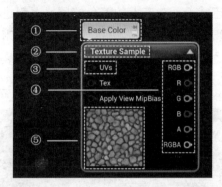

图 2-37　Texture Sample 节点

表 2-4　材质表达式节点属性

编号	属性名称	描　　述
①	描述	所有材质表达式均拥有一个通用的 Desc（描述）属性，其用途广泛，主要作用是简单介绍表达式的作用
②	标题栏	显示材质表达式的命名和 / 或相关信息
③	输入	材质表达式所用数据的链接
④	输出	输出材质表达式运算结果的链接
⑤	预览	显示材质表达式所输出值的预览。实时更新启用时自动进行更新，也可使用空格键手动更新

3. 材质表达式参数

部分材质表达式参数（Parameter）可以直接在图表面板创建，如图 2-38 所示。也可以由部分默认材质节点直接转换，如图 2-39 所示。参数值可在包含参数的基础材质的材

图 2-38　材质表达式参数创建

质实例中进行修改（部分情况下是在运行时动态修改），所以设置材质参数时应通过命名属性为这些表达式赋予特殊命名，以便在识别材质实例中的特定参数时使用。

常用材质表达式参考

图 2-39　默认常量转换为参数

2.1.5　材质参数集合

材质参数集合（Material Parameter Collection）用于存储任意标量参数和矢量参数集合的资源，这些参数可以在任意材质中引用。这是一个强大的工具，美术师借助这个工具可以一次性地将全局数据导入多个材质。它还有助于设置每个关卡的效果，如雪量、破坏程度、湿度等。如果不使用此工具，这些按关卡效果需要对关卡中的许多不同材质实例设置单独的参数值。

1. 创建和编辑材质参数集合

材质参数集合可以像任何其他资源一样编辑和保存。在内容浏览器中右击以显示创建菜单，从菜单选择"材质和纹理"→"材质参数集合"创建新的材质参数集合，将其命名为 MPC_Global_Color，如图 2-40 所示。

图 2-40　创建材质参数集合

要编辑材质参数集合，必须先双击打开它的属性窗口。单击"标量参数"或"矢量参数"旁边的"+"按钮，创建想要在材质中访问的新参数，如图 2-41 所示。

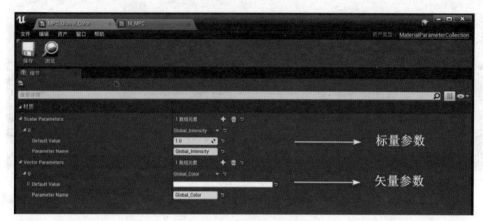

图 2-41　编辑材质参数集合

2. 材质中使用材质参数集合

向任何材质添加材质参数集合节点都是几步即可完成。材质参数集合创建完毕后，需要创建一个要与它一起使用的材质。打开材质编辑器，选中 MPC_Global_Color 材质参数集合拖放至材质图标面板，在细节面板选择需要使用的参数，如图 2-42 所示。

图 2-42　创建材质参数集合节点

材质参数集合可以替换已经存在的标量、矢量参数或与它们进行运算，如图 2-43 所示。

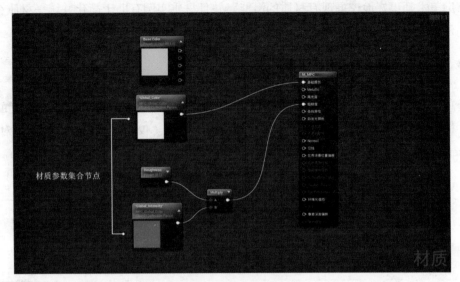

图 2-43　使用材质参数集合

2.1.6　材质的实例化

在虚幻引擎中，标准材质的创建、设置和调整过程通常十分耗时。为了加速并简化这个过程，引擎提供了一种特殊类型的材质，称之为"材质实例"。材质实例化是指创建一个"父材质"，然后将它作为基类，派生出效果各异的"子材质"。为了实现这种灵活性，材质实例化使用了名为"继承"的概念。这意味着父材质的属性会被赋予子材质，如图 2-44 所示。

图 2-44　材质实例

材质实例化是一种更改材质外观同时避免材质重新编译（程序性能消耗非常大）的方

法，可以用于项目的许多方面。例如，它可以用于为"武器"和"道具"增添一些变化，或者帮助美术师更好地挖掘现有材质的潜能。并且材质实例有助于简化并统一材质在项目中的创建和使用方式。

材质的实
例化

2.1.7 材质的命名规范

合理地对资产进行规范命名与管理能提高工作效率，如同 2.1.1 小节中对纹理的命名规范一样，这里使用"M_"作为前缀来对材质进行命名（仅为规范框架，并非绝对），M 是 Material 的缩写，如表 2-5 所示。

表 2-5 材质的命名规范

类　　型	命　名　规　范
主材质	M_xxx
材质实例	MI_xxx_01
材质参数集合	MPC_xxx
材质函数	MF_xxx

2.2 材质实战案例

2.2.1 材质工作流程

制作一个可被实例化的主材质，并设置多个参数，以便快速对材质进行调整。将所需的任意选项和特性放入主材质。作为基础，主材质允许在创建材质实例时调整指定的"参数""纹理"和 UV 平铺数值，如图 2-45 所示。

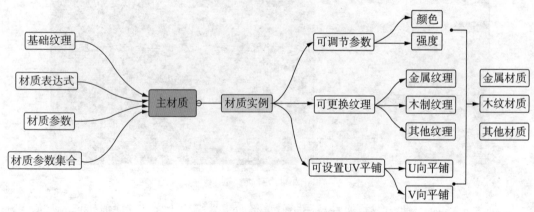

图 2-45 材质工作流程

2.2.2　制作主材质

从创建主材质开始，就需要对其进行正确有效的设置，以避免过度复杂。使用主材质的一个优点是如果之后需要为材质添加更多特性，只需将其应用到主材质即可，特性将向下传递到实例。如图 2-46 所示为最终的主材质参考图表，此材质中的所有输入纹理和常量将被参数化，以便在实例化材质中访问。

制作主材质（上）

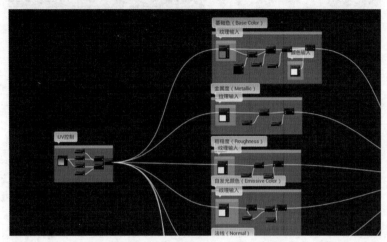

图 2-46　最终主材质参考图表（部分）

主材质中所有默认的纹理资产来自于引擎自带的资产内容包。这么做是避免材质在拷贝时因为贴图丢失而需要重新加载大量的纹理资产。在虚幻引擎的内容浏览器中右下角"视图选项"勾选"显示引擎内容"以获取资源，如图 2-47 所示。

制作主材质（下）

制作主材质补充文档

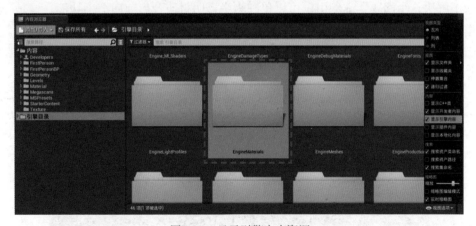

图 2-47　显示引擎内容资源

2.2.3　制作半透明材质

在虚幻引擎中，制作半透明类材质需要将材质的混合模式（见 2.1.3 小节）改成半透明模式。在 2.2.2 小节的案例中制作好的主材质无法复用，因为它是默认的不透明模式，此模式适用于大部分光线无法穿透的物体。但在项目开发中，材质使用半透明模式，会出现应用该材质的物体显示不全的情况，如图 2-48 所示。

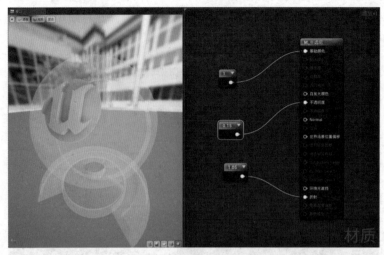

图 2-48　默认半透明材质效果

虚幻引擎在渲染半透明材质的效果表现上，实际是有问题的。原因是引擎采用的渲染方式为延迟渲染，渲染之前会先进行几何体深度检测，再进行光照计算，从而完成光栅化。这个过程会导致被遮挡的物体被深度检测剔除掉。而半透明物体需要知道背后的像素是什么，所以制作半透明材质需要单独对待，不能对其进行深度检测，这也是为什么在延迟渲染中实现逼真的半透明效果非常困难。

为了解决这个问题，虚幻引擎可以单独为半透明材质开启前向渲染功能，这是一个性能开销非常高的材质类型（非必要不使用），如图 2-49 所示。

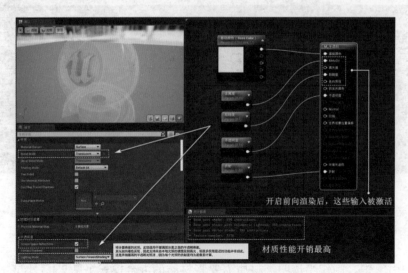

图 2-49　开启前向渲染的半透明材质效果

2.2.4　Quixel Megascans资产库

　　Quixel 是一家来自瑞典的公司，Megascans 是 Quixel 旗下最负盛名的 2D 与 3D 影像资料库 Megascans 所提供的资产已经出现在一些大牌游戏和电影中，如 *Destiny 2*，*Battle V*、迪士尼影片《狮子王》和漫威英雄 IP 电影《黑豹》等。

　　2019 年 11 月，Epic Games 宣布收购 Quixel 公司。被收购后，Quixel 也宣布所拥有的 Megascans Library 在使用虚幻引擎时完全免费。这意味着所有使用虚幻引擎的开发者，都可以通过 Bridge 和 Mixer 免费、无限制、即时地访问所有的 Megascans 资产。如图 2-50 所示。

图 2-50　Quixel-Megascans 资产库

1. 安装 Quixel Bridge

　　Bridge 是 Quixel Megascans 的本地管理器，安装了这个软件后可以使用它访问 Megascans Library，并且下载资产发送至虚幻引擎或是其他创作平台。

　　步骤 1：前往 Quixel 网站找到 Products-Bridge，或是从本书附带资源目录中下载 Bridge 软件并按默认设置完成安装。如图 2-51 所示。

　　步骤 2：打开 Bridge 软件，在主页面的右上角单击 SIGN IN。要免费使用 Megascans Library，一定要选择 SIGN IN WITH EPIC GAMES，使用虚幻引擎的用户账号注册。如图 2-52 所示。

图 2-51　下载 Quixel Bridge

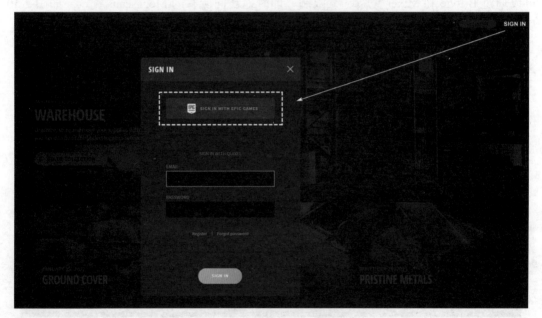

图 2-52　注册 Quixel Bridge

2. 设置 Quixel Bridge

使用 Epic Games 账号登录 Bridge 后，可以访问到大量基于物理的真实世界的扫描级资产。这些资产对于虚幻引擎用户来说是免费使用的，只需几步简单的设置即可一键发送至引擎。

步骤 1：通过 Bridge 菜单栏，依次单击 Edit → Settings → Library Path 命令设置资源下载路径，如图 2-53 所示。

步骤 2：通过 Bridge 菜单栏，依次单击 Edit → Manage Plugins 命令，下载虚幻引擎的插件，如图 2-54 所示。

图 2-53　设置 Quixel Bridge 下载路径

图 2-54　设置 Quixel Bridge 引擎插件

3. 下载 Megascans 资产

Bridge 对所有的 Megascans 资产进行了分类，如金属、石头、植被、贴花（Decal）等类型。美术师可以按需搜索，设置相应的规格，找到一个纹理资产下载，如图 2-55 所示。

> **小提示**
>
> 　　如果遇到下载失败，可能是资产分辨率太大或者 LOD（Levels of Detail，多细节层次）等级太高，网络波动导致下载中断，可修改下载设置后再次下载。

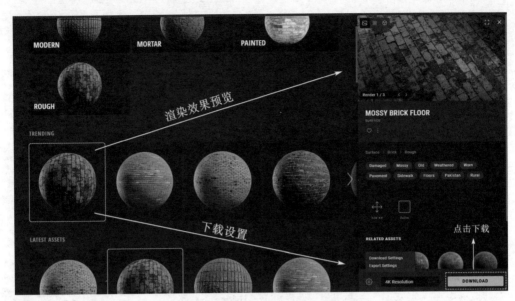

图 2-55　下载 Megascans 资产

4. Megascans 资产导出设置

已经下载完成的 Megascans 资产存储在 Library Path 下，同时 DownLoad 按钮变成了 Export，设置好导出的目标即可一键将资产发送至引擎。

步骤 1：单击"设置"按钮→Export Settings 命令设置目标平台并选择导出路径，如图 2-56 所示。

步骤 2：设置 Export Target（导出目标）选择 Unreal Engine，Engine Version 选择 4.26（版本号按需选择）。Plugin Location（插件位置）设置为引擎目录的插件路径，Default Project（默认项目）设置为当前正在制作的项目 Content 路径。如图 2-57 所示。

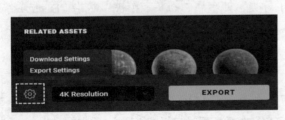

图 2-56　Megascans 资产导出设置 1

图 2-57　Megascans 资产导出设置 2

5. 发送 Megascans 资产至虚幻引擎

　　导出资产之前确认虚幻引擎处于运行状态，并且引擎开启了 Megascans 插件。推荐在内容浏览器中新建一个命名为 Megascans 的文件来管理导入的 Megascans 资产，如图 2-58 所示。

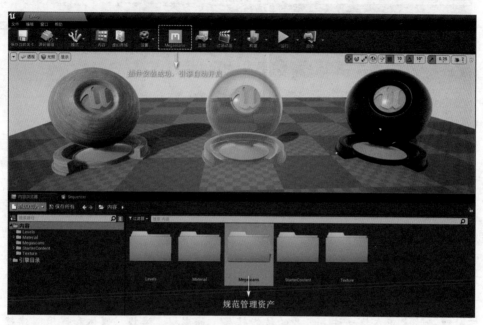

图 2-58　发送 Megascans 资产至虚幻引擎 1

　　一切准备就绪后，回到 Bridge，单击 Export 导出按钮，等待片刻资产会自动发送至当前运行的虚幻引擎中，资产存放路径正是 Bridge 中设置的 Default Project（默认项目）。如图 2-59 所示。

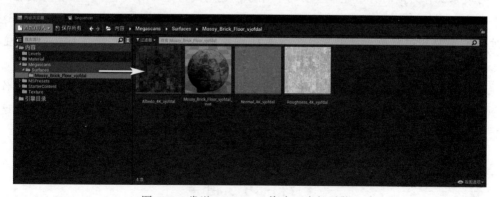

图 2-59　发送 Megascans 资产至虚幻引擎 2

　　Megascans 资产导入虚幻引擎后无须太多额外的制作，可以直接应用于项目。如本示例中导入的材质，是基于一个主材质所创建的材质实例。双击打开，不难发现它的工作流程与 2.2.2 小节中讲述的主材质制作是一致的，如图 2-60 所示。只不过 Megascans 的材质资产无须美术师自行创建，下载对应类型的材质导入引擎，然后更改材质实例中的参数即可。这一切都是非常高效和高质量的。

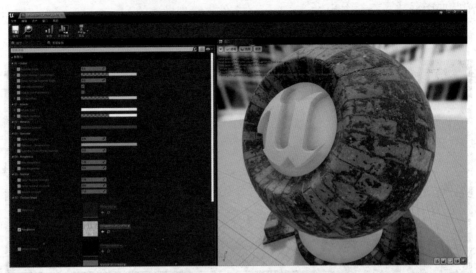

图 2-60　Megascans 材质预览效果

◆ 本章小结 ◆

实时渲染技术正在推动许多行业的技能转移，如影视、游戏、媒体和娱乐、建筑、工业设计等。随着实时渲染技术继续影响就业市场，越来越多的知名团队求贤若渴，希望招揽传统意义上与游戏开发相关的创造性和技术性人才。游戏美术师就是具备大量通用技能的人才之一。

材质系统作为虚幻引擎非常重要的一部分，也是成为一名游戏美术师必备的技能。虚幻引擎中的材质有很多用途，可以用于光照、地形、用户界面、粒子特效等。由于这些超过了本书的知识范畴，目前只做了最基础的材质使用的研究，也就是 Materia Type 为 Surface 的情况。

学习完本章的知识，意味着对虚幻引擎的材质系统有了基础的理解，可以着手制作大部分应用于"表面"的材质，并且能够理解基于物理的渲染知识体系的理念。所有的这些知识将会为读者进阶学习虚幻引擎，成为一名高水平的游戏美术师打下坚实的基础。

◆ 练 习 题 ◆

1. 完成主材质制作

结合本章讲述的材质基础知识和本书附带的视频演示资源，制作一个能用于项目的主材质。

2. 制作木纹材质、金属材质

利用制作完成的材质示例和课程附带的图像纹理资源，制作木纹材质和金属材质。

制作木纹
材质

3. 拓展练习

在本书附带的资源中下载"井冈山元素"的文创产品 3D 模型，结合材质实例的特性，为其制作至少两种材质，如塑料、金属、木质或水晶玻璃等，效果如图 2-61 所示。

图 2-61 "井冈山元素"文创产品 3D 模型材质预览效果

制作金属
材质

"井冈山元
素"的文
创产品 3D
模型

工程文件
和图像纹
理资源

第3章

基础地形创建

导读

地形（Landscape）系统模块是虚幻引擎 4 内置的强大地形编辑工具，可用于创建基于巨大地形的世界场景，并为场景创建山脉、峡谷、不同起伏或倾斜的地面。地形系统还提供一系列工具，使用户可以轻松修改地形形状和外观，优化户外地形组件，使其能在多种设备上维持正常的运行帧率。

职业能力目标

- 认识虚幻引擎 4 的地形编辑工作流程。
- 理解地形的概念、理解地形 Actor 与地形组件的基本概念的关系。
- 理解地形 Actor、地形组件、地形分段、细节级别的关系。
- 熟练使用地形编辑器管理、雕刻并绘制地形地貌。
- 熟练掌握地形材质的制作与植被的绘制。
- 具备良好的自主学习和沟通能力。

拓展目标

- 熟悉自动地貌材质的设置方法。
- 能够使用 Landscape 创建山地峡谷地形。
- 能够使用 Landscape 制作森林地貌材质。
- 能够使用植物编辑器绘制草地灌木植被。

3.1　Landscape 概述

3.1.1　地形Actor

创建一个地形（Landscape）意味着在虚幻引擎 4 的当前关卡创建一个地形 Actor。地形 Actor 与其他 Actor 一样，可以在世界大纲视图被选中（见图 3-1）。在关卡编辑器的细节（Details）面板中修改其属性参数，以实现为当前地形指定材质、设置 LOD（Level of Detail，细节级别）参数等操作，如图 3-2 所示。

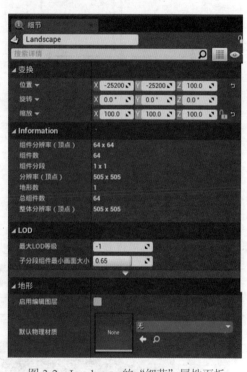

图 3-1　世界大纲视图　　　　　图 3-2　Landscape 的"细节"属性面板

3.1.2　地形组件及其分段

1. 地形组件

地形由多个组件构成，地形组件的大小和细节是在创建地形时被决定的，它们是虚幻引擎 4 的可视化计算单元、渲染基本单元和碰撞基本单元。地形组件的特征是每一个组件总呈现为正方形，并且具有相同的大小。由于每个地形组件的高度数据信息存储在单个纹理当中，共享顶点在每个组件中被复制并存储，因此每个组件中的四边形数量都是有意义的，如图 3-3 所示在两个相邻组件边缘上存在共同使用的顶点。

2.地形分段

地形分段是地形 LOD 计算的基本单元。如图 3-4 所示，每个地形组件可以分为 1（1×1）或 4（2×2）个子分段。使用 4（2×2）子分段可以得到与分段为 1（1×1）的组件 4 倍大小相同的高度图。通常使用分段更少的组件可以获得更好的运行性能。每个地形组件分段大小决定了 LOD 对虚幻引擎 4 运行的影响。当组件分段大小的数值提高时，相同体量的地形所包含的组件数量降低，运行消耗也随之降低。

图 3-3　相邻组件边缘的共享顶点

图 3-4　每个组件分段数

小提示

地形 Actor 采用了颜色编码的方式，如图 3-5 所示，整个地形的边缘用黄色显示，每个组件的边缘用浅绿色显示，如果每个组件的分段设置为 2×2 分段，其子分段边缘用中绿色显示，单独的地形四边形组件用深绿色显示。通过不同颜色显示，使用者可以较好地分辨不同地形组件的作用。

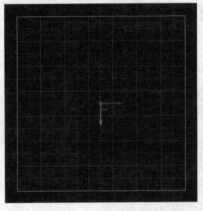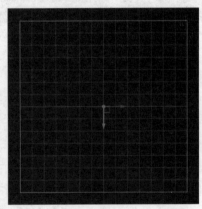

图 3-5　1×1 分段地形与 2×2 分段地形

3.1.3 细节级别

细节级别（Level of Detail，LOD）技术是根据模型的节点在显示环境中所处的位置和 LOD 画面大小，来决定网格物体渲染的资源分配，通过降低非重要物体的面数和细节数，突出重要物体的面数与细节数，从而获得更加高效的渲染运算。Landscape 地形不仅允许使用大量 LOD，还能够实现平滑的 LOD 过渡。随着虚幻引擎 4 地形的 LOD 0 数值从 1 调整至 3，模型面数会随之相应减少，如图 3-6 所示。

图 3-6　Landscape 地形的 LOD 0 变换效果

3.2　山地峡谷地形的编辑

本章的基础地形编辑案例可以使读者学习如何创建一个新的户外地形，认识地形编辑器与地形的各项属性，掌握管理模式（Manage Mode）和雕刻模式（Sculpt Mode）下各项工具命令使用方法。

3.2.1 创建地形

步骤 1：选择新建项目类型为"游戏"，模板类型为"第一人称游戏"。山地峡谷地形属于体量较大的户外地形。在创建首个地形前，学习者需先新建一个"第一人称"项目。本案例中可使用其他项目模板，但使用第一人称模板能更方便地完成检查地形的相关操作，如图 3-7 所示。

创建地形

步骤 2：选择项目存储位置并为其设置一个合适的项目名称。如图 3-8 所示，将本例项目名称设置为 Forest_pro，然后，单击"新建项目"按钮以创建项目。

> **小提示**
>
> 初学者可在项目中选择使用蓝图并包含初学者内容包。

图 3-7　新建第一人称游戏项目模板

Forest_pro
项目文件

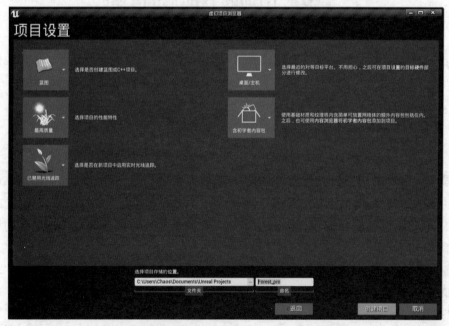

图 3-8　设置项目名称为 Forest_pro 并创建项目

　　步骤 3：新建项目并加载编辑器后，会看到如图 3-9 所示界面，场景内已经设有第一人称游戏的模板场景模型与其他 Actor。本项目不需使用第一人称游戏模板的默认场景，所以依次单击左上角"文件"→"新建关卡"命令以新建关卡，快捷键为 Ctrl+N，并在新关卡模板（New Level Template）中选择"默认关卡"。

图 3-9　新建关卡

步骤 4：要使用 Landscape 创建户外地形，不需要使用默认关卡中的地板网格模型，新建关卡后可以在关卡视窗中选择地板网格，按删除（Delete）键将其从关卡中删除。关卡初始设置完毕后，可获得如图 3-10 相似的界面。

小提示

用户可将玩家出生点（player start）沿 Z 轴稍微上移，此操作目的是确保运行关卡后玩家出生视角不会在新建地形下方。

图 3-10　初始整理完的关卡视图

步骤 5：接下来正式开始新建地形操作，单击"模式"下拉菜单上的"地形"选项，如图 3-11 所示。

图 3-11　选择"地形"选项

步骤6：选择地形模式后，将自动前往"管理模式"标签。如果当前关卡中不存在其他地形 Actors，系统将提示用户创建一个，在"新建地形"面板可以设置新建地形选项参数。如关卡已包含一个或多个地形，在"管理模式"的"重设大小"命令下可以修改现有地形及其组件。如图 3-12 所示，使用者可以在地形窗口面板中编辑各选项具体参数。

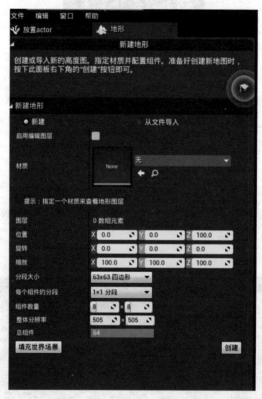

图 3-12　新建地形面板的默认参数

新建面板中的选项与其对应功能如下。

- 新建地形：在关卡中新建一个地形 Actor。
- 从文件导入：通过导入地形高度图创建地形。
- 启用编辑图层：启用非破坏性地形图层与样条。
- 材质：为新建地形指定材质。
- 图层：显示统计所添加的地形材质中所有图层数。
- 位置：设置新建地形在世界场景中的位置信息。
- 旋转：设置新建地形在世界场景中的旋转角度。
- 缩放：设置新建地形在世界场景中的缩放大小。
- 分段大小：每个组件分段中的单位总数，直接影响 LOD 系统运行消耗。相同体量地形的分段越大，整体组件数量越少，意味着 CPU 运行消耗降低。因此，创建较大地形时需注意使用较大的分段尺寸。

- 每个组件的分段：每个组件的分段数辅助设置地形 LOD，其中每个分段都是地形 LOD 系统的基础单元。增加每个组件的分段数，意味着地形同时渲染的顶点数量增加，运行可能出现问题，使用巨大地形场景时这个问题将普遍存在。
- 组件数量：用于设置地形使用组件总量，结合每个组件的分段和分段大小一同决定地形尺寸的设置，Landscape 地形组件数量的上限为 32×32。
- 整体分辨率：显示统计设置地形使用的顶点数量。
- 总组件：显示统计设置地形创建的组件总数。
- 填充世界场景：使地形尽量变大，填充整个世界场景。
- 创建：使用默认或自定义设置在世界场景中创建地形。

小提示

随着地形的组件数量增加，关卡构建时间和运行性能均会受到较大影响。因此，创建大型户外场景时推荐将每个分段大小数值设置为 63×63，该尺寸能较好地平衡关卡性能和场景尺寸。在此例中，我们设置的地形不需要过于庞大，在地形设置中使用如图 3-13 的选项参数即可。

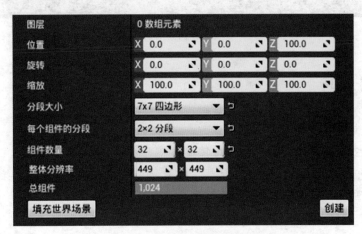

图 3-13　森林峡谷案例的地形创建参数

步骤 7：完成地形创建后，主视窗可以预览新建的地形。与其他 Actor 一样，地形 Actor 同样可被移动、旋转和缩放，如图 3-14 所示。

步骤 8：地形工具共有管理（Manage）、雕刻（Sculpt）和绘制（Paint）三种模式。如图 3-15 所示，用于与地形系统交互的所有工具均可在"模式"下拉菜单中的"地形"选项下方工具架找到，利用此类模式下的各工具可以以不同方式与地形互动。因此，如要启用地形管理、雕刻或绘制工具，需单击模式下拉菜单并从菜单中选择对应选项，也可以按下快捷键 Shift+2 切换至地形工具。在各参数设置完毕后即可直接创建基础地形，接下来可以通过"管理""雕刻"和"绘制"等工具编辑并修改地形的形状与外观。

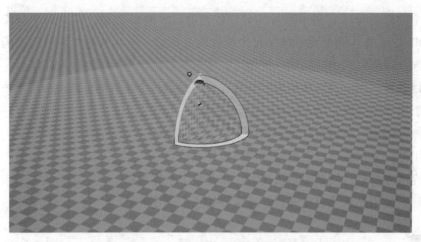

图 3-14　地形 Actor 的旋转设置

图 3-15　管理、雕刻和绘制模式工具架

操作小技巧

常用的地形编辑操作如下。

- **Ctrl+ 鼠标左键**：可用作选择地形组件。
- **鼠标左键**：在雕刻模式下，按住鼠标左键拖动将增高地形高度图。在绘制模式下，将选中材质应用到地形，增加选中图层的权重。
- **Shift+ 鼠标左键**：在雕刻模式下，按住鼠标左键拖动将降低地形高度图。在绘制模式下，将擦除应用到地形特定部分的选中材质，减少选中图层的权重。

3.2.2　地形高度图

虚幻引擎 4 允许导入自定义的高度图和图层以创建地形。用户可根据需求，使用 World Machine 和 Terragen 等第三方软件快速创建基础高度图，并通过使用虚幻引擎 4 的 Landscape 相关工具来导入创建、清理或修改地形。在外部应用程序中制作高度图时，图片不同区域的灰度值所创建的地形高度不同，其中白色的值（255，255，255）代表高度最高点，将在虚幻引擎 4 中创建最高地形；黑色的值（0，0，0）代表高度最低点，将在虚幻引擎 4 中创建最低地形。

地形高度图

> **小提示**
>
> 从第三方程序导出高度图时，需要注意高度图格式，只有 16 位灰阶的 PNG 文件与 16 位灰阶的 RAW 文件（以小端字节排序）格式才能在虚幻引擎 4 中使用。

步骤 1：如图 3-16 所示，在 Photoshop 软件中设置高度图颜色模式为 16 位灰度，将其保存为 PNG 格式。

图 3-16　Photoshop 软件中的高度图设置

步骤 2：在虚幻引擎 4 新建地形面板中，单击选择"文件导入"的单选框。

步骤 3：在下方"高度图文件"指定自定义高度图。

步骤 4：单击"导入"按钮，创建基于高度图生成的新地形，如图 3-17 所示。

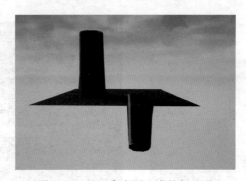

图 3-17　基于高度图生成的新地形

3.2.3　地形管理

用户能够在虚幻引擎 4 中 Landscape 地形的管理模式下新建地形，并可以使用模块内工具从现有地形添加、删除地形分段或移动组件关卡，也可将样条添加到地形。已经设置好的地形尺寸也能够在管理模式下重设大小。管理模式的工具架如图 3-18 所示，各工具功能如下。

地形管理

图 3-18　管理模式的工具架

（1）选择：可以选择一个地形分段，修改指定分段的材质、光照等属性，如图 3-19 所示。

（2）添加：在所选高亮方格区域添加一个地形分段，可以选择笔刷尺寸中的值添加多个分段，如图 3-20 所示。

图 3-19　选择地形分段图　　　　　图 3-20　添加地形分段

（3）删除：移除所选高亮方格区域的地形分段，同时将完全删除该地形分段的数据，如图 3-21 所示。

（4）移动：将所选高亮方格区域的组件移动到指定的流送关卡。

（5）重设大小：设置参数修改组件和地形的大小，如图 3-22 所示。

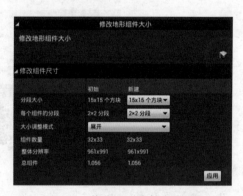

图 3-21　删除地形分段图　　　　　图 3-22　修改地形组件大小面板

（6）样条：地形样条可灵活地创建线性样条地形，还可通过改变样条节点来更好地构建这些地形特征。如图 3-23 所示，选中一个样条，然后按 Ctrl 键同时单击另一个样条可以合并两个样条。按 Ctrl 键同时单击一个分段，可在该分段插入新的控制样条点，以拆分原有分段。按 Alt 键同时单击移动所选样条节点，可以复制一个新的样条点，以改变原有分段或新增分段。如在地形面板工具设置中启用"使用自动旋转控制点（Use Auto Rotate

Control Point）"，释放鼠标光标后样条点会自动旋转，使样条保持平滑。

图 3-23　编辑样条分段与节点

步骤 1：可以单独或选择所有已连接控制点，在细节面板修改控制点的位置、旋转、样条宽度等参数。全选控制点后单击 R 键可以平滑样条分段。

步骤 2：如图 3-24 所示，在细节面板选择所有已连接"分段"可以将样条整体选中。目前样条网格体的数量为 0，我们可以通过单击"+"按钮添加网格体 Mesh，如图 3-25 所示。

图 3-24　选择所有已连接分段

图 3-25　添加样条网格体

步骤 3：如图 3-26 所示，展开新增的网格体属性参数。在"网格体"添加静态网格的方式有三种：通过下拉框选择已有网格体；在内容过滤器选择静态网格拖拽至 None 图标处；在内容过滤器选择静态网格，通过单击下拉框下方的⬅按钮加载指定。通过添加静态网格体，样条不再只是线框，而成为网格体实体。

步骤 4：我们可以通过和步骤 3 相似的操作，为整个样条网格体或单个样条分段添加指定材质，如图 3-27 所示。

步骤 5：最后使用工具设定面板中的"将样条应用到地形（Apply Splines to Landscape）"，能够基于样条信息修改地形高度图和图层权重以修改地形。高度图会根据细节面板中的控制点参数升高或降低地形来适应样条，得到样条两边平滑的余弦混合衰减区域。

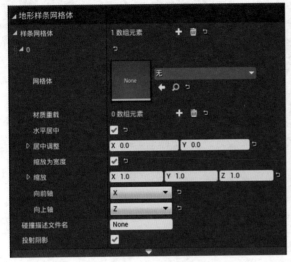

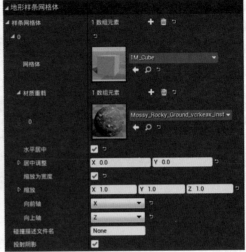

图 3-26　添加指定网格体图　　　　　　图 3-27　添加指定材质

小提示

　　户外地形项目中的道路、河流、沟渠等基础地形都可以使用样条工具创建，然后使用地形雕刻工具来调整细节，使用者可以根据项目需求自行合理设置。在设计户外场景的视觉美术时，要考虑镜头范围内的空间布局与布图。

 操作小技巧

功能键参考如下。

• 鼠标左键：选择样条控制点或分段。

• Shift+鼠标左键：选择多个控制点或分段。

• Ctrl+A：选择所有相连接的控制点或所有相连接的分段。

• Ctrl+鼠标左键：添加新的样条控制点，在选定一个或多个控制点的情况下，将所有选定的控制点连接到新的控制点，并创建分段；在选定一个分段的情况下，在分段中插入新的控制点以拆分原有分段。

• Alt+鼠标左键移动：在选定一个控制点的情况下，复制添加新的样条控制点并将它朝指定方向平移。移动至现有分段时拆分分段，移动至样条一端时添加新分段。

• Delete 键：删除选定的控制点或分段。

• R 键：自动计算选定样条控制点的旋转，可以实现平滑样条的效果。

• T 键：自动翻转选定控制点 / 分段的切线。

• F 键：翻转选定的分段，仅影响样条上的静态网格体。

• End 键：将选定控制点对齐到下方的地形。

3.2.4　地形雕刻

创建好基础地形后，就可以使用地形雕刻工具对地形进行造型细节编辑了，如图 3-28 所示，雕刻工具架有非常多的工具可供选择。

地形雕刻

图 3-28　地形雕刻工具架

（1）雕刻工具可以升高和降低笔刷影响范围中的地形。用鼠标左键可以拉高地形，Shift+鼠标左键可压低地形。如图 3-29 所示，可以通过设置雕刻工具架中的笔刷工具与衰减工具设定参数，来改变地形雕刻笔刷的具体作用方式。

图 3-29　地形雕刻工具架中的笔刷工具与衰减工具

- 笔刷工具：通过"循环"下拉图标，切换所选择的笔刷形状。
- 衰减工具：通过"平滑"下拉图标，切换所选择的笔刷衰减形状。
- 强度：用于调整笔刷的作用强度，0 为作用力度最小，1 为作用力度最大。
- 半径：用于调整笔刷的作用范围。
- 衰减：用于调整笔刷从中心向外衰减的范围。

小提示

勾选笔刷设置中的使用黏土笔刷可以叠加地形雕刻笔刷效果，如图 3-30 所示。

图 3-30　雕刻面板启用"使用黏土笔刷"

建立森林峡谷时，我们通常使用雕刻工具拉出山体和湖泊的大体形状。如图3-31所示，使用雕刻工具对森林案例中的基础山地进行造型，这里读者可以根据自己的创意进行发挥。

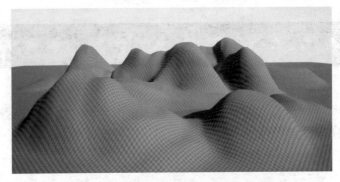

图3-31　使用雕刻工具绘制基础地形高度

（2）平滑工具可以拉平地形顶点的Z轴位置，其中平滑笔刷影响范围中的高低地形的高度差。使用平滑工具后的效果如图3-32所示。

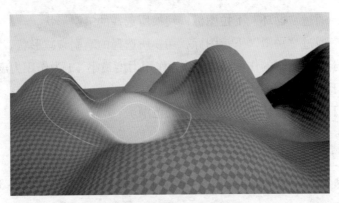

图3-32　使用平滑工具效果

（3）平整工具可以升高／降低笔刷经过范围中的地形，使受影响地形与开始使用平整工具时笔刷落下位置的Z轴高度相同，如图3-33所示。

图3-33　使用平整工具效果

（4）斜坡工具可以在两个指定的控制点之间创建一个斜坡，根据设置添加衰减。如图 3-34 所示，首先指定斜坡的两个控制点。然后单击"添加斜坡"按钮或者按下键盘上的 Enter 键，可以在两个控制点中建立一个斜坡"桥"，如图 3-35 所示。单击"重置"按钮可以清除控制点设置，在生成斜坡前放弃创建。

图 3-34　使用斜坡工具确定控制点

图 3-35　使用斜坡工具生成斜坡

（5）侵蚀工具通过模拟热力侵蚀效果来调整高度图的高度，呈现土壤从高处向低处移动的自然效果。地形高度差越大，产生的侵蚀效果越强。还可在侵蚀上应用噪点效果，随机呈现出自然的地形外貌。我们用雕刻工具做出的山体大形由于坡度过于平滑往往看起来有点假，这时候就可以使用侵蚀工具进行调整，如图 3-36 所示。

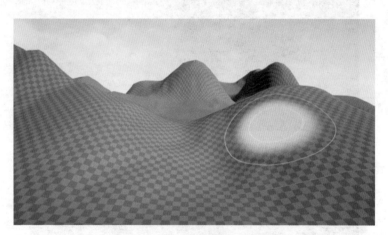

图 3-36　使用侵蚀工具调整山体

（6）水力侵蚀工具通过模拟水力侵蚀效果来调整高度图的高度。通过使用噪点过滤器来计算初始降雨的位置、雨量、沉积、迭代、分布与距离范围。计算结果将生成用于降低高度图的实际数值。如图 3-37 所示，水力侵蚀一般应用在低洼处。

（7）噪点工具将噪点过滤器应用到高度图或图层权重，工具设定中的强度值决定了噪点的量，如图 3-38 所示。

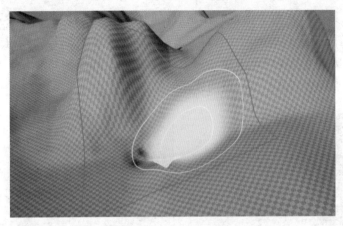

图 3-37　使用水力侵蚀工具调整低洼

（8）重拓扑与平滑工具相似，但以三角形推拉来平滑地形，尝试通过最小化 Z 轴方向的变化以保持地貌的基础造型。但是 X、Y 轴偏移贴图会使地形渲染变慢，如图 3-39 所示。

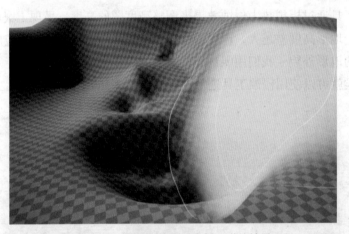

图 3-38　使用噪点工具绘制地形的效果

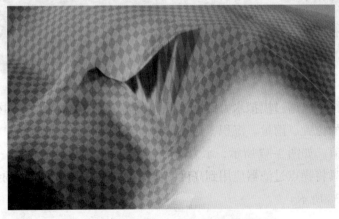

图 3-39　使用重拓扑工具绘制地形的效果

（9）可视性工具结合地形洞穴材质使用，可遮挡地形区域的可视性和碰撞。

（10）选择工具可在地形上绘制遮罩区域，遮罩区域地形分段无法被其他工具编辑，能够更精准地完成造型，如图 3-40 所示。

图 3-40　使用选择工具绘制地形遮罩区域的效果

（11）可在地形选定一个区域通过复制和粘贴工具复制其地貌数据，这些数据可被粘贴到地形的其他区域。甚至可以被粘贴至其他地形中，以创建相同区域地形。

（12）镜像工具可将地形的一侧造型镜像复制到另一侧，轻松地镜像或旋转地形几何体。

我们可以灵活地根据项目需求创建基础地形，并使用雕刻模式下的系列工具完成地形造型的细节打磨。下一步需要为地形赋予地貌材质，使其具备逼真的地貌特征与质感。

3.3　森林地貌材质的制作

本节的地貌材质案例可以使读者学习如何为新创建的户外地形赋予材质，认识地形编辑器与材质编辑器的各项属性，掌握绘制模式（Paint mode）下各项工具命令的使用方法。

3.3.1　地貌材质的制作

尽管任意材质都可用于地形 Actor，但虚幻引擎 4 的材质系统同时提供了一些特定的地形材质节点，可帮助优化地形纹理。在材质编辑器的地形分类控制板菜单中，有五个能够用于地形系统的特殊节点：地形层混合节点（LandscapeLayerBlend）、地形层坐标节点（LandscapeLayerCoords）、地形层切换节点（LandscapeLayerSwitch）、地形层权重节点（LandscapeLayerWeight）和地形可视性遮罩节点（LandscapeVisibilityMask）。

1. 制作地形材质

步骤 1：如图 3-41 所示，在内容浏览器中右击，在弹出的窗口中，单击"创建基础资

地形材质

产"菜单中的"材质"选项，新建材质并命名为 M_Landscape，双击选中新建的材质进入材质编辑器。

图 3-41　新建材质 M_Landscape

步骤 2：选择需要使用的贴图，拖曳加载到材质编辑蓝图中，如图 3-42 所示。贴图可以自行导入或在"初学者包（StarterContent）"的"纹理贴图（Textures）"文件夹中选中合适的对象。

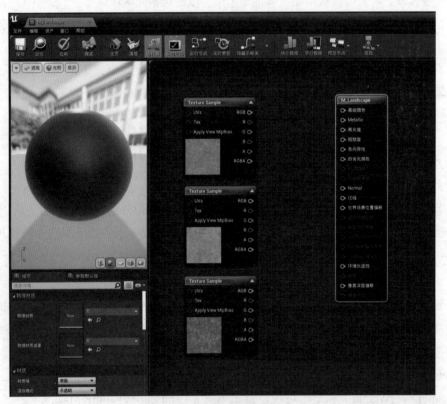

图 3-42　添加纹理贴图至材质编辑蓝图

步骤 3：在蓝图空白处右击，搜索并选择添加 LandscapeLayerBlend 节点，如图 3-43 所示。

图 3-43　添加地形层混合节点

步骤 4：如图 3-44 所示，在材质编辑器的细节面板里面通过单击"+"按钮添加图层，并设置每个图层名称，Layer Blend 节点将同步增加对应的节点注脚，如图 3-45 所示。

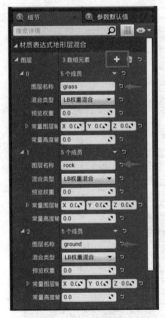

图 3-44　在细节面板中添加图层

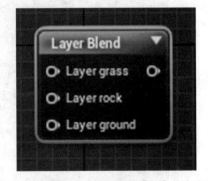

图 3-45　添加图层后的地形层混合节点注脚

步骤 5：将所有图层预览权重（Preview Weight）参数改为 1，将纹理贴图节点 RGB 值输出至 Layer Blend 节点混合，再将混合数据输出给材质"基础颜色"，如图 3-46 所示。

步骤 6：再用如上方法，将法线混合数据输出给材质 Normal（法线），如图 3-47 所示。设置之后单击左上角"保存"按钮保存材质属性。

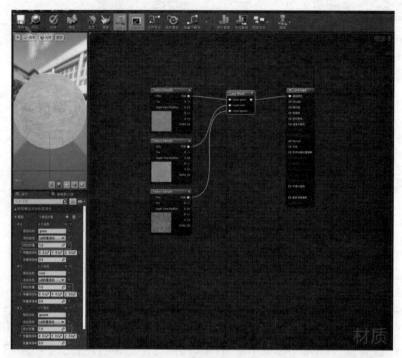

图 3-46　通过 Layer Blend 节点将贴图 RGB 值混合输出给材质基础颜色

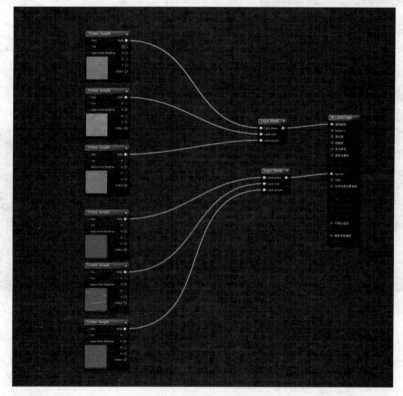

图 3-47　通过 Layer Blend 节点将贴图法线参数混合输出给材质法线

2. 向地形指定材质

创建地形的材质后，需将材质指定到关卡中的地形 Actor，以使用该材质。

步骤 1：在内容浏览器中找到要使用的地形材质，选中后右击，通过单击"创建材质实例"命令，来新建材质实例，如图 3-48 所示。

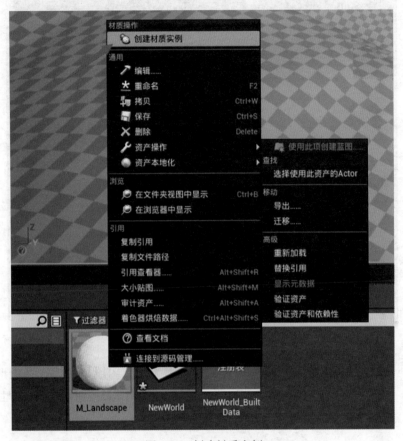

图 3-48　创建材质实例

步骤 2：在视口或世界大纲视图中选择地形 Actor，如图 3-49 所示。

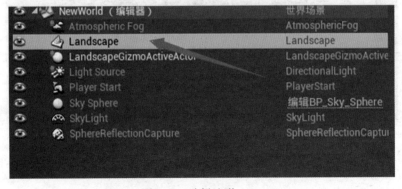

图 3-49　选择地形 Actor

步骤 3：在关卡编辑器的地形细节面板中，单击地形分段中"地形材质"旁的◀箭头指定选中的材质实例，如图 3-50 所示。

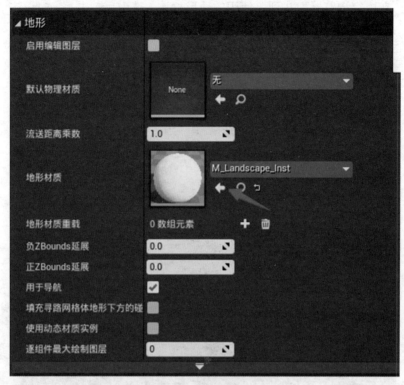

图 3-50　选择地形材质实例

步骤 4：指定材质后地形显示为黑色，这是因为没有图层信息。选择地形系统中的"绘制模式"，如图 3-51 所示在绘制面板 Layers 层选项上单击➕按钮增加每一个图层的"权重混合层（法线）"信息，并保存至指定文件夹中。

图 3-51　添加图层"权重混合层（法线）"信息

此时，地形显现出图层混合地貌材质效果，下一步就可以使用绘制工具进行地貌绘制了，如图 3-52 所示。

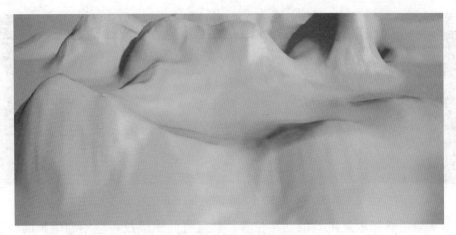

图 3-52 显示地貌材质后的地形

3.3.2 地形绘制

在地形绘制模式下，使用者可选择性地将不同材质应用到地形的不同部分，以便修改地形的外观。地形绘制模式工具架如图 3-53 所示。

地形绘制

图 3-53 地形绘制模式工具架

（1）绘制工具可增加或减少应用到地形的材质层的权重，如图 3-54 所示。

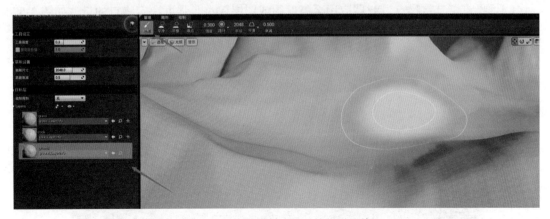

图 3-54 使用绘制工具后的地形地貌

（2）平滑工具可平滑地形材质图层的权重，在不同区域之间创建平滑的过渡，如图 3-55 所示。

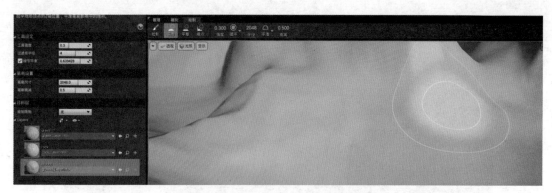

图 3-55　使用平滑工具后的地形地貌

（3）平整工具抓取此工具的初始位置，然后将此图层权重应用到笔画的位置，如图 3-56 所示。

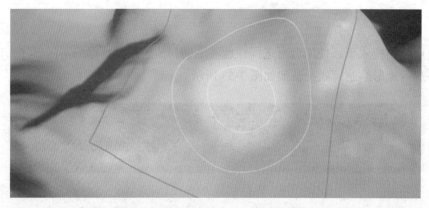

图 3-56　使用平整工具后的地形地貌

（4）噪点工具将噪点过滤器应用至高度图或图层权重。强度决定噪点的量，如图 3-57 所示。

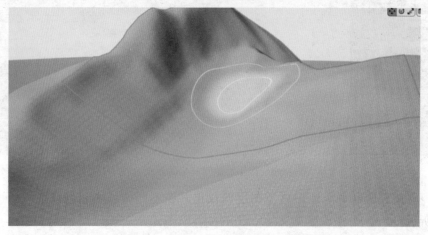

图 3-57　使用噪点工具后的地形地貌

（5）笔刷工具可修改对地形进行绘制和造型时所使用笔刷的外观和效果。

（6）笔刷衰减工具可修改笔刷的衰减方式。

3.3.3　自动地表材质

步骤 1：新建材质函数并命名为 F_Grass，在内容浏览器中选择材质函数并双击进入蓝图编辑。将需使用的纹理贴图拖曳至材质编辑器蓝图内，添加 LandscapeCoords 与 MakeMaterialAttributes（建立材质属性）节点，如图 3-58 所示，完成草地材质函数的制作。

自动地表
材质

> **小提示**
>
> 需要将 Tile 与纹理贴图节点转化为参数，并做好命名工作。

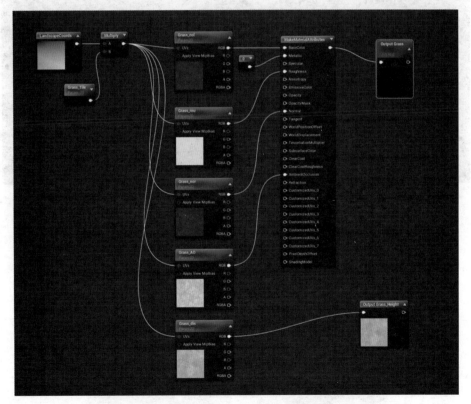

图 3-58　设置 F_Grass 材质函数

步骤 2：如图 3-59 所示，用相同方法制作土地材质函数 F_Ground。

步骤 3：新建材质并命名为 M_Landmat，在内容浏览器中选择材质并双击进入材质编辑器。将 F_Grass 与 F_Ground 材质函数拖曳至材质编辑器蓝图内，右击搜索调用“LandscapeLayerBlend”节点。如图 3-60 所示，修改节点属性，在细节面板添加图层并进行命名，将图层混合类型设置为"LB 高度混合"。

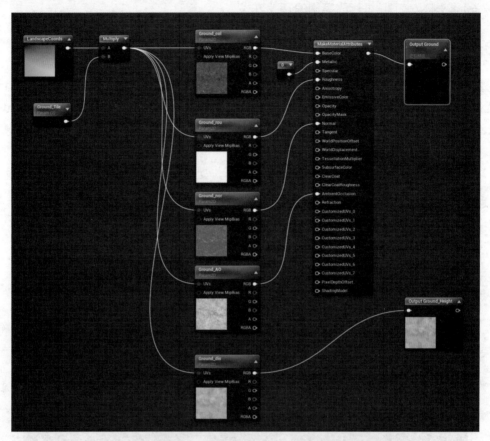

图 3-59　设置 F_Ground 材质函数

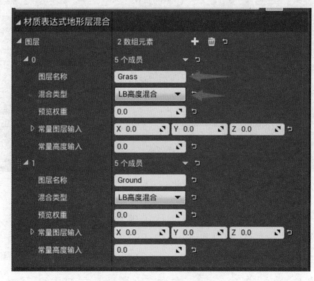

图 3-60　设置材质混合图层

步骤 4：如图 3-61 所示，制作岩石材质函数并命名为 F_Rock。需要注意的是由于岩石材质要考虑映射，需添加 WorldAlignedTextures_Complex 节点。

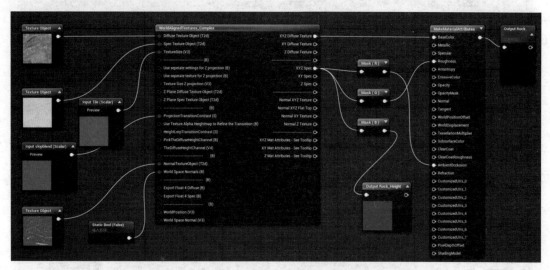

图 3-61　设置 F_Rock 材质函数

步骤 5：如图 3-62 所示，将 F_Grass 与 F_Ground 的材质函数、函数高度信息与图层混合节点对应值相连。

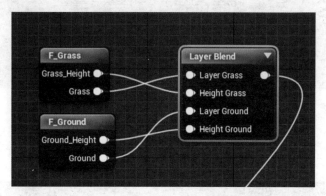

图 3-62　连接材质函数、函数高度信息与图层混合节点

步骤 6：在虚幻引擎 4 中贴图都是以 Z 方向往下映射，制作沿 Z 轴投射贴图的表达式首先需要创建一个三维常量，设置值为 0,0,1 表示 Z 轴（Z 轴为蓝色），如图 3-63 所示。因为地形材质是针对整个世界的地图的，所以添加一个 Transfrom 节点，将这个 Z 轴方向从切线坐标转化为世界坐标。由于这个 Z 轴的高度是一个不确定的值，为了方便计算需要将其规整，因此添加一个规范化 Normalize 节点，将一个不规则的 Z 轴高度范围模拟为 [0,1] 的范围。使用 Dot 对比节点，对初始 Z 轴高度范围与规整后的 Z 轴高度范围进行对比，可以得到一个比值，这个值就是地表高度的变化值。因为 alpha 通道只能识别 0～1 的范围，然后再添加 ConstantBiasScale 常量偏差比例节点，再次将变化数值

转化为 [0,1] 的范围内。

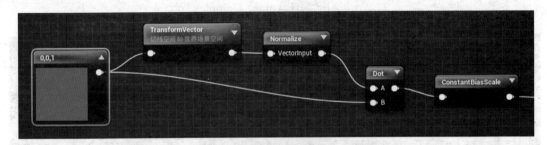

图 3-63　Z 轴投射贴图的表达式

步骤 7：如图 3-64 所示，添加 HeightLerp 高度换算节点和 Lerp 线性插值节点，通过添加一维常量控制底层材质出现的最大高度、最小高度以及边缘羽化强度。

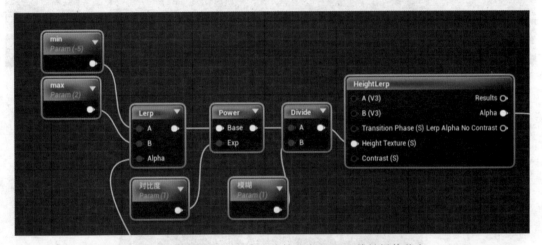

图 3-64　添加 HeightLerp 高度换算节点和 Lerp 线性插值节点

步骤 8：如图 3-65 所示，连接岩石材质函数，连接 alpha 通道，完成自动地形材质的设置，将系统材质改为自定材质。

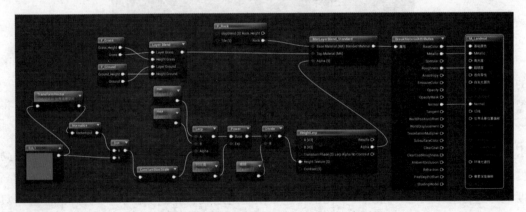

图 3-65　完成全部设置后的自动地形材质蓝图

步骤 9：再次使用地形雕刻工具，我们发现自动地貌材质会根据高度计算，自动为地形赋予相应材质效果，如图 3-66 所示。

ForestM_pro
项目文件

图 3-66 自动地貌材质最终效果

3.4 草地灌木植被的编辑

植被工具能让用户快速绘制或清除静态网格体或植被。通过本节植被编辑案例，读者可以学习如何为新创建的户外地形添加植被，掌握植被绘制模式下各项工具命令与地形植被类的使用方法。

3.4.1 植被模型的导入

步骤 1：单击"模式"下拉菜单中的"植被"按钮可使用植被工具快捷键 Shift+3，如图 3-67 所示为植被系统的工具架。

图 3-67 虚幻引擎 4 植被系统的工具架

步骤 2：从内容浏览器中选中静态网格体，拖入绘制面板中的"将植被放置于此处"区域以添加植物类型，如图 3-68 所示。

图 3-68　添加植物类型

步骤 3：如要调整用作植被的静态网格体的细节参数，需在网格体列表中单击"网格体"植被工具右下角的"放大镜"图标，如图 3-69 所示。选中静态网格体的细节参数用于修改。

图 3-69　展开静态网格体的细节参数

步骤 4：如图 3-70 所示，勾选网格体列表中植被左上角的勾选框，即可启用网格体列表中的植被网格体，而后可以在地形中绘制出被勾选的植被。已添加到网格体列表的植被模型右下角记录了当前关卡含有该植被的总数。

图 3-70　勾选网格体列表中的植被

3.4.2 植被的绘制

植被绘制工具的作用是为地形添加需要的植被。方式和雕刻工具类似，可以改变放置植被的区域和密度。如图 3-71 所示，在植被窗口顶部的工具栏中可选择植被绘制工具。

植被绘制

图 3-71 植被绘制工具

（1）"选择"工具：用来选择或取消选择单个实例或所有实例。

（2）"绘制"工具：用于从场景添加和移除植被实例，如图 3-72 所示。

图 3-72 植被绘制工具的使用

（3）"重新应用"工具：用于修改已在场景中绘制的实例的参数。

（4）"单个"工具：使用绘制笔刷放置所选植被的单个实例。

（5）"填充"工具：用于设置绘制工具一次放置多少网格体。

（6）"抹除"工具：用于擦除选中的植被。

📚 操作小技巧

常用的植被绘制编辑操作如下。

- 拖动控件轴：移动、旋转或缩放选定的植被实例。
- 按 Alt 键 + 拖动控件轴：复制选中的实例，同时移动、旋转或缩放复制的实例。
- 删除键：删除选中的实例。
- End 键：将选中的实例对齐地面。如果最初放置时启用了此设置，则选中实例将其与法线对齐。

3.4.3 地形植被类的使用

步骤 1：在内容浏览器中右击，选择"植物"→"地形草地类型"命令创建地形植被类，如图 3-73 所示。

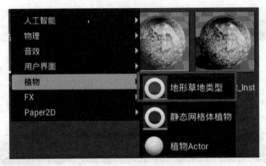

图 3-73 创建地形植被类

步骤 2：如图 3-74 所示，双击打开新建的地形植被类，在细节面板单击"+"按钮创建多个植被层。一个草地层可以包含多个植被，多个植被将按指定权重混合。

图 3-74 创建多个植被层

步骤 3：如图 3-75 所示，单击左侧三角图标展开植被层参数面板，按照项目需求编辑相应参数。

图 3-75 编辑植被层参数

步骤 4：如图 3-76 所示，在材质编辑器中给地形材质添加 LandscapeGrassOutput 和 LandscapeLayerSample 节点。在细节面板为 LandscapeGrassOutput 节点命名为 Grass0，并将步骤 1 所创建的"地形草地类型"添加到细节面板的"草地类型"中。

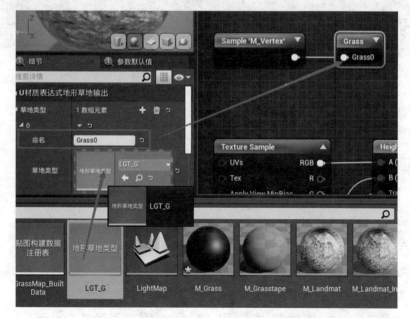

图 3-76 添加 LandscapeGrassOutput 和 LandscapeLayerSample 节点

如图 3-77 所示，在细节面板为 LandscapeLayerSample 节点的"参数名"命名，设置"预览权重"为 1。

图 3-77　设置"LandscapeLayerSample"节点参数

步骤 5：在"地形"模式下选用"绘制"工具，在绘制面板的 Layers 中为层添加"权重混合层（法线）"信息后，用户可以使用"绘制"工具继续绘制完善地形材质，如图 3-78 所示。

图 3-78　选用"绘制"工具绘制地形

结合本章的知识点进行综合操作，森林山地案例最终效果如图 3-79 所示。

图 3-79　森林山地案例最终效果

◆ 本 章 小 结 ◆

　　地形系统作为虚幻引擎非常重要的一部分，可以作为美术设计师制作广袤地貌场景的系统工具。设计师可以通过创建地形、编辑地貌材质与植被来实现对于写实场景或者风格化场景的搭建，开启构建虚拟世界的第一步。虚幻引擎中的地形系统有很多用途，可以用于山地、盆地、河流、峡谷等地形的创建，由于这些超过了本书的知识范畴，目前只探究最基础的地形。

　　学习完本章的知识，读者能够对虚幻引擎的地形系统有基础的理解，可以着手制作大部分应用于地形方面的作品。所有的这些知识将会为读者进阶学习虚幻引擎，成为一名高水平的游戏设计师打下坚实的基础。

◆ 练 习 题 ◆

　　1. 完成基础山地地形制作

　　结合本章节讲述的地形基础知识和本书附带的演示视频，制作基础山地地形。

　　2. 完成基础地貌材质与植被制作

　　利用制作完成的山地地形和本书附带的树木、草等资源，制作完成地貌材质与植被制作。

　　3. 拓展作业

　　通过资料收集江西不同地区的地形地貌图片与资料，结合不同户外地形地貌特征制作至少两种户外地形，如平原、盆地、峡谷、森林等。

第4章

室外场景光照构建

 导读

光照系统模块是虚幻引擎 4 内置的光照构建工具，可用于创建照亮室内室外场景的光照环境。虚幻引擎 4 光照系统还提供一系列光源类型，使用户可以轻松修改灯光形状和效果，呈现逼真自然的环境光照与阴影。

职业能力目标

- 认识虚幻引擎 4 光照构建的工作流程。
- 掌握构建光照环境的方法。
- 了解不同光源类型与应用场景。
- 了解天空大气、体积云、大气雾与指数级高度雾。
- 能够合理设置静态、固态和可移动光源类型。
- 具备良好的自主学习和沟通能力。

拓展目标

- 理解光照的概念、光照与视觉效果的关系。
- 熟悉灯光渲染基本原理和应用。
- 熟悉灯光烘焙的工作原理。
- 掌握构建室外场景光照的方法。

<h1 style="text-align:center">4.1 认识灯光</h1>

4.1.1 光源类型

虚幻引擎 4 中有五种光源类型：定向光源（DirectionalLight）、点光源（PointLight）、聚光源（SpotLight）、矩形光源（RectLight）和天光（SkyLight），如图 4-1 所示。

光源类型

图 4-1　虚幻引擎 4 的五种光源类型

1. 定向光源

定向光源也称为平行光，模拟光从极远处或者接近于无限远处发出的光源，如图 4-2 所示，此光源为物体投射出平行的阴影，因此适用于模拟太阳光照效果。

图 4-2　定向光源投射效果

95

2. 点光源

点光源从空间中的一个光源点均匀地向各个方向发射光线，如图 4-3 所示。其工作原理很像一个真实的灯泡，从灯泡内部的钨丝向四面八方发出光，因此适用于模拟室内外灯光光照效果。

图 4-3 点光源投射效果

3. 聚光源

聚光源从圆锥体中的单个点发出光线，光照的形状可通过内圆锥体和外圆锥体两个圆锥体来塑造。光照的半径将定义圆锥体的长度，在内圆锥体中，可设置完整的光照亮度。从内半径的范围进入外圆锥体的范围时，光线将发生衰减，形成一个半影区域，或在聚光源的圆形光照区域周围形成羽化效果，如图 4-4 所示。聚光源的工作原理类似于手电筒或舞台照明灯，因此适用于模拟舞台灯光等具有故事性的光照效果。

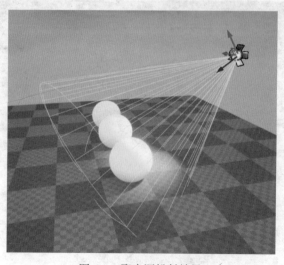

图 4-4 聚光源投射效果

4. 矩形光源

矩形光源从一个被定义了宽度和高度的矩形平面向场景发出光线，如图 4-5 所示。它可以被用来模拟拥有矩形面积的任意类型光源，因此适用于模拟显示器屏幕、吊顶灯具、壁灯以及影棚内灯光的光照效果。

图 4-5　矩形光源投射效果

5. 天光

天光又称为天空光照，虚幻引擎 4 捕获关卡的远处部分的背景信息并将其作为光源应用于场景。即使是天空盒顶部的云层、远山或大气层的天空外观，天光与反射也会匹配，如图 4-6 所示。

图 4-6　天空光照投射效果

小提示

定向光源和天光有许多不同的细节差异，主要差异如下。

（1）定向光源可直接照射场景，偏暖色；天光是漫反射照射场景，偏冷色。需注意的是天光的颜色通过采集天空球的颜色，与天空球的颜色一致。

（2）定向光源主要照亮物体的亮部，天光主要照亮物体的暗部。

（3）定向光源的位置对光照环境无任何影响，其旋转角度决定光照效果。天光的位置和旋转属性对光照环境都无任何影响。

用户还可以通过在"细节（Details）"面板的天光光源属性中手动指定要使用的"立方体贴图"，设置天空光照效果，如图 4-7 所示。

图 4-7　天光光源属性中的立方体贴图设置

构建固定（Stationary）或可移动天空光照（Movable Sky Lights），需在细节面板的天光属性中单击"重捕获场景"，如图 4-8 所示。

图 4-8　细节面板天光属性中的重捕获按钮

小提示

重捕获场景也可以启用实时捕获功能，或通过游戏内蓝图调用重新捕获。

4.1.2　光照环境

在默认场景中存在地面（Floor）、玩家出生点（Player Start）以及球体反射捕获（Sphere Reflection Capture），剩余的定向光源（Directional Light）、大气雾（Atmospheric Fog）、天光（Sky Light）、天空球（Sky Sphere）四个对象提供了关卡场景最基本的光照环境，如图 4-9 所示。

设置光照

（1）实现虚幻引擎 4 默认关卡场景的天空球光照与定向光源方向相关联。当定向光源旋转角度后，天空球光照颜色发生变化。

步骤 1：调整定向光源旋转值，该参数模拟出不同太阳照射角度的光线效果。如图 4-10 所示，定向光源角度自下朝上时，可以模拟夜间光照效果。

图 4-9　默认关卡场景的光照环境

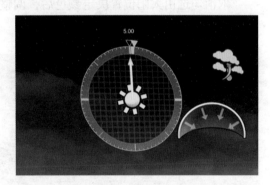

图 4-10　旋转定向光源设置

步骤 2：选择天空球，在细节面板单击"刷新材质（Refresh Material）"刷新天空光，如图 4-11 所示。刷新后可使天空球颜色与当前定向光源模拟太阳照射效果一致。

图 4-11　通过天空球刷新材质（Refresh Material）与定向光源保持效果一致

步骤 3：如果想通过设置太阳高度（Sun Height）调整光照环境，需选择天空球 Actor，在其细节面板中的 Directional Light Actor（定向光源）中设置"清除"天空球与定向光源的联系，如图 4-12 所示。如果场景内的定向光源与天空球相关联，太阳高度值则不起任何作用。

步骤 4：如果需要自定义 Zenith Color（天顶颜色），需要取消勾选 Colors Determined By Sun Position（由太阳位置决定颜色），如图 4-13 所示。

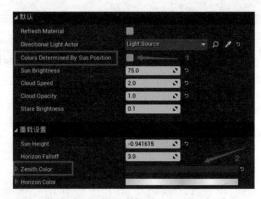

图 4-12 清除天空球与定向光源关联　　　　　　图 4-13 设置天顶颜色（Zenith Color）

取消勾选由太阳位置决定颜色后，调整 Zenith Color（天顶颜色）也可改变光照环境，如图 4-14 所示。

图 4-14 调整天顶颜色后的光照效果

在新场景中创建天空球、天光及球体对象，场景中天光会把天空球的光照信息采集起来，颜色与天空球颜色一致，再利用吸收的光照亮我们搭建的场景环境。此外，如果不设定天空球，也可以自定义光照环境。如图 4-15 所示，在没有天空球的情况下可以通过设置其他光源定义光照效果。

图 4-15 不设定天空球的自定义光照环境

（2）新增加定向光源后，创建的天空球及定向光源颜色并无关联，想实现随着定向光源的旋转，天空颜色发生变化，则需要将天空球与定向光源关联。

步骤 1：选择天空球 Actor，在其细节面板中的 Directional Light Actor（定向光源）选项中选择场景中的定向光源，如图 4-16 所示。

> **小提示**
>
> 如果没有创建定向光源则不会有可选择的光源选项，其他光源类型是无法被选择的。

图 4-16　将天空球与定向光源关联

步骤 2：选择完成后单击 Refresh Material（刷新材质）刷新天空光，如图 4-17 所示。

图 4-17　通过刷新材质（Refresh Material）重设天空光

步骤 3：单击"构建"命令进行光照构建渲染，如图 4-18 所示。

图 4-18　重新构建光照后的光照环境

4.2 大气环境光照的构建

大气雾、指数高度雾、体积云与天空大气是虚幻引擎 4 视觉效果组件。认识它们的各项属性，有利于掌握户外大气环境光照的构建方法。

4.2.1 大气雾

设置大气
环境

大气雾（Atmospheric Fog）模拟呈现出近似光线透过大气散射的视觉效果。使用大气雾可以改变大气环境光照中的雾和天空的视觉效果，如雾的密度和亮度、天空的亮度和颜色，如图 4-19 所示。

> **小提示**
>
> 大气雾的影响范围是针对整个场景的，相当于大气雾笼罩整个关卡场景，调节后将影响整个场景的视觉效果。

图 4-19　近似光线透过大气散射的大气雾效果

大气雾是虚幻引擎 4 视觉效果组件中最复杂的雾效，调整相关参数可以让室外的场景看起来更逼真，如图 4-20 所示，不会在场景中生成雾层，但是会在场景中生成地平线。

小提示

因为大气雾会在场景中生成地平线，有时候自定义天空球颜色和地平线属性之后，会发现在场景中间位置多出一条地平线。大气雾视觉效果在定向光源、天空球参数调整前后效果可能不一致。

图 4-20　大气雾参数调整后效果

（1）选择大气雾组件，在细节面板可调整大气雾的参数，大气默认参数如图 4-21 所示。

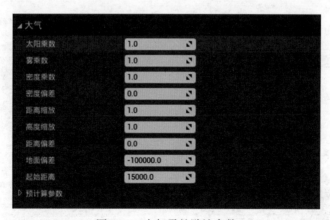

图 4-21　大气雾的默认参数

① 起始距离：大气雾的初始距离是以厘米为单位计算的。起始距离决定在场景中有大气雾的时候，距离多远范围有大气雾视觉效果。

② 太阳乘数：调整来自大气太阳光的散射亮度，该参数只影响天空和大气雾。配合起始距离调整效果较明显，设置时需注意模型近处的模糊程度与天空的视觉效果。将起始距离调整为 200，太阳乘数调整为 50，效果如图 4-22 所示。

图 4-22　配合起始距离调整太阳乘数后的视觉效果

③ 雾乘数：只在表面上调整来自大气太阳光的散射亮度，该参数不影响天空，如图 4-16 所示。将起始距离调整为 200，雾乘数调整为 50，效果如图 4-23 所示。与太阳乘数调节后的图 4-22 效果对比，视觉效果只在有物体的位置受影响，天空没有发生变化。

图 4-23　配合起始距离调整雾乘数后的视觉效果

④ 密度乘数：影响大气雾密度。设置起始距离 100，雾乘数 5，调节密度乘数为 1～10，设置后效果如图 4-24 所示。

图 4-24　调整密度乘数后的大气雾密度发生变化

⑤密度偏差：影响大气雾的不透明度。有效范围值 −1～1，设置后效果如图 4-25 所示。

图 4-25　调整密度偏差后的大气雾不透明度发生变化

⑥预计算参数：影响雾密度的衰减与天空颜色。值越小，大气雾越浓，产生的散射越多，天空越蓝；值越大，大气雾越稀薄，产生的散射越少，天空越黄。

> **小提示**
>
> 　　设置预计算参数中的密度高度参数需谨慎，该值会影响场景光照的颜色，大气雾起始距离较小将导致雾的颜色发生明显变化。

（2）太阳设置参数在不与定向光源关联时，默认会呈现出一个比较小的日轮效果，且方向是固定的，默认参数如图 4-26 所示。

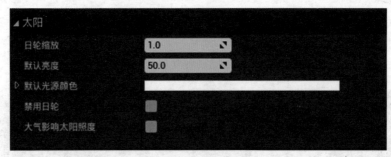

图 4-26　太阳设置默认参数

① 日轮缩放：缩放日轮的大小。

② 默认亮度：此设置用以调整大气太阳光轮亮度，只能在没有与定向光源关联时使用。

③ 默认光源颜色：此设置用以调整大气太阳光轮颜色，只能在没有与定向光源关联时使用。

（3）在定向光源的细节面板下可设置"大气太阳光"的启用与关闭，能影响大气雾与定向光源进行关联或断开。如图 4-27 所示，大气太阳光启用后大气雾会默认定向光源为太阳光，会根据定向光源的旋转角度调整天空颜色，还会为太阳添加日轮效果。

图 4-27　启用大气太阳光设置

小提示

如果想要禁用日轮效果，在太阳设置参数中选择"禁用日轮"即可。

4.2.2　指数高度雾

指数高度雾（Exponential Height Fog）在地形较低位置处密度较大，而在较高位置处密度较小。如图 4-28 所示，指数高度雾过渡得十分平滑，随着地形高度升高，不会出现明显雾效的切换。指数高度雾提供两个雾色：一个作用于面朝定向光源或其他主光源的半球体，另一个作用于相反方向的半球体。

图 4-28 山路上的指数高度雾效果

如果需要设置指数高度雾，可以在渲染菜单的项目设置中通过设置"支持天空大气影响高度雾（Support Sky Atmosphere Affecting Height Fog）"来启用它，如图 4-29 所示。

图 4-29 启用支持天空大气影响高度雾

> **小提示**
>
> 高度雾的视觉效果会在指数高度雾组件所提供的现有环境颜色上，叠加应用天空大气高度雾。实际上，在使用天空大气组件时，Mie 散射模拟了指数高度雾，所以无需再添加指数高度雾组件就可以在场景中实现高度雾的效果了。如果想要设置天空大气组件影响指数高度雾，则需要分别将"雾散射颜色（Fog Inscattering Color）"和"定向非散射颜色（Directional Inscattering Color）"设置为黑色。

4.2.3 天空大气

天空大气（Sky Atmosphere）组件是虚幻引擎 4 中基于物理天空和大气的渲染系统。灵活使用天空大气，可以模拟出类似地球大气层的视觉效果，同时提供一种从日出到日落的不同时间段的大气效果，如图 4-30 所示。它还可以模拟创造奇特的外星大气层视觉效果，并且提供空气透视，可利用相关行星曲率来模拟从地面到天空再到外太空的过渡效果。用户可创造性地自由发挥，构建渲染写实或风格化的天空大气效果，利用实时更新来反映气候的日夜变化。

> **小提示**
>
> 天空大气是虚幻引擎 4.26 版本中新增的大气系统，与系统同时放置到场景中时，只生效最新的天空大气系统。这也意味着，天空大气能够完全代替原有的大气雾。

图 4-30 使用天空大气组件模拟的大气效果

使用天空大气组件模拟大气效果的步骤如下。

步骤 1：在关卡编辑器中的"放置 actor"面板找到天空大气，如图 4-31 所示。单击选中该组件并拖曳，在场景中放置天空大气组件，以启用天空大气视觉效果，为场景提供环境光照。

图 4-31 选择启用天空大气组件

步骤 2：在场景中放置定向光源，然后从其细节面板启用"大气太阳光"。若场景内使用多个定向光源，则分别为每个定向光源设置"大气太阳光照指数（Atmosphere Sun Light Index）"。定向光源的大气太阳光照指数为 0 时，通常模拟呈现出太阳光照；该指数为 1 时，通常模拟呈现出月亮效果。根据天空大气组件的设置，为各个定向光源调整属性后，移动这些光源将影响天空大气的视觉效果。

> **小提示**
>
> 　　天空大气模拟生成光穿过行星大气层介质时的散射视觉效果，包括以下内容。
> 　　（1）可由两个定向光源接收日轮在大气中的表现，天空颜色取决于太阳光和大气属性。
> 　　（2）天空颜色将随着太阳高度而变化，即随主定向光源与地面平行角度而变化。
> 　　（3）可通过设置散射和模糊参数，控制大气密度。
> 　　（4）空气透视可模拟从地面到天空再到太空过渡时的场景曲率。

4.2.4　体积云

　　体积云（Volumetric Clouds）组件是虚幻引擎 4 基于物理天空和云的渲染系统。该系统使用材质驱动方法，使用户可以充分发挥美术设计师的创造性，自由地创建项目所需的任意造型云。这些在虚幻天空中飘动着的各种各样的云，还能够反映出一天之中不同时间段的受光照效果，如图 4-32 所示。

图 4-32　体积云组件的视觉效果

　　传统游戏和电影中的实时云体渲染主要是通过将静态材质应用到天空球网格体的方法来实现。虚幻引擎 4 体积云系统处理动态实时设置，使用支持光线步进的三维体积纹理来表示实时云层，并通过使用实时捕获模式下的天空大气和天空光照进行效果补充。

1. 光线步进

实时模拟生成云需要复杂的光照渲染系统。虚幻引擎4体积云系统采用光线步进和近似算法来模拟云渲染，很好地解决了硬件开销问题，并支持多种平台和硬件设备。体积云具有可伸缩的实时性能，支持模拟光源多重散射、云投射阴影、投射到云上的阴影、地面对云层底部产生的光照以及昼夜变换效果等。

2. 光源多重散射

散射体中往往包含很多散射粒子，因此每个粒子的散射光都会被其他粒子再散射。多重散射就是在到达人眼或摄像机传感器之前，穿过散射体的光线可能在体积内不同粒子上发生的散射光效应。我们所观察的云的形状，就是由这种光效应生成的。多重散射效应会影响光线在云体中的传播路径，改变云层浓厚程度与明暗。在体积云实时渲染中，复杂的多重散射效果是通过对实际散射过程的近似模拟来实现的。

图 4-33　启用天空光照组件的云环境光遮挡

3. 云环境光遮挡

柔和的环境光阴影是让云看起来更自然的一个重要因素。用户可以在天空光照组件的细节面板设置启用"大气与云"属性选项中"云环境光遮挡（Cloud Ambient Occlusion）"，以使云层能够阻挡来自天空和大气的环境光源，如图4-33所示。

4.3　太阳光照的设置

定向光源适用于模拟太阳光照效果，其旋转角度决定了太阳光照的高度与位置。如图4-34所示，虚幻引擎4中的定向光源Actor以箭头指出了光线传播的方向，用户可以更加直观地根据需要来调整该光源的方向，从而设置太阳光照效果。

图 4-34　定向光源方向

定向光源的主要属性有以下五类：光源、光束、Lightmass、光照函数和级联阴影贴图。

1. 光源

定向光源默认光源属性的参数如图 4-35 所示。

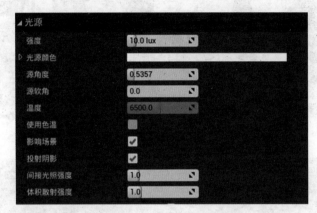

图 4-35 定向光源默认光源的参数

- 强度（Intensity）：强度值影响光源所散发的总能量，如图 4-36 所示。

图 4-36 调整强度后的光照效果

- 光源颜色（Light Color）：如图 4-37 所示，该值影响光源所散发的颜色。
- 影响场景（Affects World）：勾选启用后，光源可以影响场景，禁用后光源不影响场景。运行时无法修改此参数。
- 投射阴影（Casts Shadows）：勾选启用后，光源可投射阴影。
- 间接光照强度（Indirect Lighting Intensity）：缩放光源发出的间接光照贡献。

2. 光束

定向光源默认光束属性的参数如图 4-38 所示。

图 4-37　调整光源颜色后的光照效果

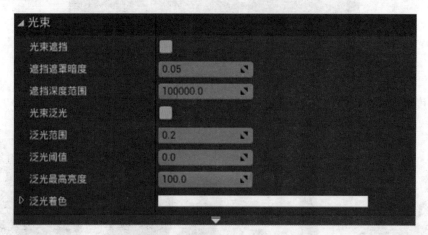

图 4-38　定向光源默认光束的参数

- 光束遮挡（Light Shaft Occlusion）：通过勾选，在雾气和大气之间的散射形成屏幕空间，从而产生模糊遮挡效果，如图 4-39 所示。

图 4-39　启用光束遮挡后的环境光照效果

- 遮挡遮罩暗度（Occlusion Mask Darkness）：该值控制遮挡遮罩的暗度，值为 1 则无暗度。
- 遮挡深度范围（Occlusion Depth Range）：场景中和相机之间的距离小于此距离的物体，都会对光束构成遮挡。
- 光束泛光（Light Shaft Bloom）：通过勾选启用确定是否渲染此光源的光束泛光，如图 4-40 所示。

图 4-40　启用光束泛光后的环境光照效果

- 泛光范围（Bloom Scale）：缩放叠加的泛光颜色。
- 泛光阈值（Bloom Threshold）：如需在光束中形成泛光，场景颜色值须大于此阈值。
- 泛光着色（Bloom Tint）：该值可调整光束发出的泛光效果颜色。

3. Lightmass

定向光源默认属性的 Lightmass 参数如图 4-41 所示。

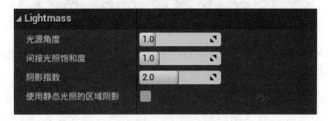

图 4-41　定向光源 Lightmass 的默认参数

- 光源角度（Light Source Angle）：该值影响半影的尺寸。
- 间接光照饱和度（Indirect Lighting Saturation）：数值为 0 时将完全去除此光照在 Lightmass 中的饱和度，为 1 时则保持不变。
- 阴影指数（Shadow Exponent）：该值影响半影的衰减。

4. 光照函数

定向光源默认光照函数属性的参数如图 4-42 所示。

图 4-42　定向光源光照函数默认的参数

- 光照函数材质（Light Function Material）：可加载应用到该光源的光照函数材质。
- 光照函数范围（Light Function Scale）：缩放光照函数投射范围。
- 淡化距离（Fade Distance）：在淡化距离范围内，光照函数将淡化为已禁用亮度的光照效果。
- 已禁用亮度（Disabled Brightness）：已指定的光照函数被禁用时，该值被应用到光源的亮度。

5. 级联阴影贴图

定向光源默认级联阴影贴图属性的参数如图 4-43 所示。

图 4-43　定向光源默认级联阴影贴图的参数

- 动态阴影距离可移动光照（Dynamic Shadow Distance Movable Light）：可移动光照的联级阴影贴图生成的动态阴影覆盖距离，该距离从摄像机位置开始测量。
- 静态阴影距离静态光照（Dynamic Shadow Distance Stationary Light）：静态光照的联级阴影贴图生成的动态阴影覆盖距离，该距离从摄像机位置开始测量。
- 动态阴影级联数字（Num Dynamic Shadow Cascades）：将整个场景视锥拆分的联级数量。
- 分布指数（Cascade Distribution Exponent）：该指数较小时控制联级分布靠近相机，该指数较大时控制联级分布远离相机。
- 过渡部分（Cascade Transition Fraction）：该值影响联级之间淡化区域的比例。

- 距离淡出部分（Shadow Distance Fadeout Fraction）：该值控制动态阴影影响淡出区域的范围大小。

除了以上五大重点属性外，用户可对放置在关卡场景内的定向光源的移动性进行设置。虚幻引擎4中光源的移动性包含：静态、固定与可移动三种类型，如图4-44所示。

图 4-44　虚幻引擎 4 中光源的移动性

4.3.1　静态灯光

静态灯光即无法在运行中改变的光源。静态灯光是运行速度最快的渲染方法，可用于呈现已烘焙的光照。如图 4-45 所示，静态灯光的阴影通常比较模糊，具体阴影效果取决于模型的光照贴图设置。静态灯光支持反射光照和全局光照。

图 4-45　静态光源的阴影效果

> **小提示**
>
> 使用静态灯光时，场景中物体的表面显示出"预览"字样，只有在烘焙灯光之后光照信息会被烘焙进光照贴图中，"预览"字样才会消失。一旦重新改动灯光信息，就会再次出现预览字样。

静态灯光在运行过程中几乎不产生任何性能消耗，也不会降低性能。灯光烘焙完成后，运行流畅度不受灯光数量与效果影响。静态光源仅对移动性是静态的对象产生影响，生成投影，通过调整光源半径属性，可以产生区域接触阴影；对可移动对象无影响，也不会生成投影。

> **小提示**
>
> 如果想获得较好的阴影效果，对于接受阴影的表面，需要合理设置它们的光照贴图分辨率。

4.3.2 固定光源

固定光源是保持固定位置不变的光源，用户可以在运行中改变光源的亮度和颜色等。固定光源兼具静态和动态光照的优点。其间接光照是在 Lightmass 光照系统中预先计算的，只烘焙静态几何体的投影和间接（反射）光照。固定光源的直接光照使用延迟着色直接进行渲染。因此在运行时更改亮度，仅影响直接光照。固定光源的直接光照具有和可移动光源一样的高质量解析高光。固定光源的所有间接光照和间接阴影都存储在光照贴图中，直接阴影被储存在阴影贴图中，效果如图 4-46 所示。

图 4-46　固定光源的阴影效果

> **小提示**
>
> 固定光源会储存阴影贴图，将阴影渲染信息保存在纹理中，该纹理只提供四个颜色通道，具有一定局限性。在场景同一区域设置太多的固定光源，将会降低性能，出现光源报错。在使用固定光源的时候一定要确保没有光源报错。如果项目确实需要较多固定光源，可以更改投射阴影选项。选择禁用灯光投射阴影后，光源报错就会消失。

4.3.3 可移动光源

可移动光源即为完全动态光源，可投射完全动态的光照和阴影。运行时位置、旋转、颜色、亮度、衰减、半径等所有属性都可被修改。可移动光源的光照不会被烘焙到光照贴图中，在无全局光照时不支持间接光照，光照品质要逊色一些。可移动光源的特点是阴影非常锐利，但是轮廓清晰，如图 4-47 所示。可移动光照是最慢的渲染方式，运行性能的好坏取决于动态光源的数量，特别是动态阴影的数量，且容易呈现出不真实的视觉效果，但在运行过程中拥有最高的灵活性。

图 4-47　可移动光源的阴影效果

> **小提示**
>
> 可移动光源的品质并非最好。如果场景内存在巨大的静态网格体，其投射的一大片动态阴影可能不会太精确。渲染有阴影的完全动态光源所造成的性能消耗，通常远远高于渲染没有阴影的动态光源。

4.4　反射捕获的设置

虚幻引擎 4 的反射环境系统捕捉并显示局部光泽反射，在关卡的每个区域提供有效光泽反射。该系统有两个反射采集器：球体反射捕获和盒体反射捕获，如图 4-48 所示。反射捕获决定场景中哪个部分被采集到立方体贴图中、反射中关卡被重新投射到什么形状上以及关卡的哪个部分可以接收来自该立方体贴图的反射影响。

设置反射
捕获

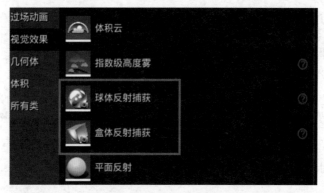

图 4-48　虚幻引擎 4 的球体反射捕捉和盒体反射捕捉

快速设置反射环境的步骤如下。

步骤 1：因为显示反射环境需要间接漫反射光照，所以首先需将项目所需光源添加到关卡并构建光照。

步骤 2：在"放置 Actor"面板的"视觉效果"选项卡选择一个反射捕获采集 Actor 拖入关卡场景。

> **小提示**
>
> 　　如果关卡中未出现反射，或反射强度未达到期望效果，可以尝试为材质设置较明显的高光度和较低的粗糙度，以便于显示反射。为了更好地确认材质中需要调整的值，建议使用反射覆盖视图模式显示正在被采集反射的内容。

4.4.1　球体反射捕获

　　球体反射捕获最为实用，拥有橙色的影响半径，决定关卡的哪部分范围可以接收来自立方体贴图的反射影响。球体反射捕获较小的采集将覆盖较大的采集，因此在关卡周围放置较小的采集能够对反射效果进行提升。

　　对于大多数项目，最好的反射捕获方案是使用球体反射捕获和屏幕空间反射共同实现反射效果。球体反射捕获和屏幕空间反射各有优缺点，结合使用可兼具两者的优点，从而弥补缺点。如图 4-49 所示，"国家安全教育 VR 展厅"项目中的球体反射捕获结合屏幕空间反射共同实现了场景反射效果。

> **小提示**
>
> 　　设置反射捕获分辨率需要在项目设置搜索"反射"，调整"反射捕获分辨率"参数，如图 4-50 所示。将反射采集分辨率调高就能提高反射采集效果清晰度，但占用的内存也会变多，该值应该根据项目实际需求来调整。

图 4-49　"国家安全教育 VR 展厅"项目中的球体反射捕获 Actor

图 4-50　在项目设置中调整反射捕获分辨率

4.4.2　盒体反射捕获

盒体反射捕获只有在盒体中的像素可看到反射，同时盒体中的所有几何体将投射到盒体上，很多情况下会出现较严重的瑕疵。因此盒体反射捕获的应用场景很有限，通常只用于走廊和矩形房间。如图 4-51 所示，"国家安全教育 VR 展厅"项目中的盒体反射捕获 Actor 作用于走廊和矩形房间。

图 4-51　"国家安全教育 VR 展厅"项目中的盒体反射捕获 Actor

◆ **本章小结** ◆

光照系统是虚幻引擎非常重要的组成部分，用户可以通过合理设置光源和视觉效果来还原写实世界或塑造风格化场景，掌握构建光照的方法与技巧也是成为一名 VR 美术设计师的必备技能之一。受本课程的知识范畴限制，目前本章只做了最基础的光照设置讲解。光照贴图制作、后期处理体积以及虚幻引擎 5 的 Lumen 全局光照等知识还需读者自行拓展学习。

学习完本章的知识，意味着读者对虚幻引擎的光照系统有了基础的理解，可以着手制作大部分应用于搭建环境的自然灯光或者后期处理效果，所有的这些知识将会为读者进阶学习虚幻引擎，成为一名高水平的游戏设计师打下坚实的基础。

◆ **练 习 题** ◆

1. 搭建天空大气光照环境

结合本章节讲述的灯光基础知识和本书附带的视频演示资源，制作自然光照环境。

2. 搭建户外光照环境

通过资料收集与分析，结合不同户外光照环境特征制作至少两种户外光照，如微光晨曦、正午骄阳、落日余晖、奇幻之夜等。

3. 拓展作业

通过资料收集与分析，利用本书附带的"国家安全教育 VR 展厅"项目文件资源，制作完成室内光照环境。

第5章

蓝图可视化编程

📖 **导读**

　　蓝图是虚幻引擎 4 内置的一个完整的游戏脚本系统。其理念是使用基于节点的界面创建游戏可玩性元素，从而实现编程工作的可视化。可视化编程语言的特点是基于面向对象的思想，引入类（Class）的概念和事件驱动。和其他常见的脚本语言一样，蓝图的用法也是通过定义在引擎中的面向对象的类或者对象（Object）来实现。在使用虚幻引擎 4 的过程中，经常会遇到在蓝图中定义的对象，并且这类对象也会被直接称为"蓝图"。

💡 **职业能力目标**

- 熟练使用虚幻引擎开发项目，熟悉项目开发的工作流程。
- 熟练运用蓝图模块编程及开发应用。

💡 **拓展目标**

- 能够参与项目设计和实现场景内交互系统。
- 能够根据需求协助美术制作人员实现内容嵌入。

5.1　蓝 图 基 础

5.1.1　蓝图的概述

　　蓝图是 Epic Games 针对虚幻引擎 4 开发的可视化编程脚本语言。它是基于虚幻引擎 3

（UE3）所使用的可视化脚本系统（Kismet）和虚幻脚本系统（Unreal Script）的结合体。除了具备传统编程语言的特点，还具备简单、易用、易理解的特性，是一类特殊的资产（Asset）。如图 5-1 所示。

蓝图通过基于节点的方式编写功能逻辑，如图 5-2 所示。该系统非常灵活且功能强大，它为设计人员提供了一般程序员使用的所有概念及工具。另外，在引擎的 C++ 实现上也为程序员提供用于蓝图功能的语法标记，通过这些标记，程序员能够方便地创建一个基础系统，并交给策划人员进一步在蓝图中对这样的系统进行扩展。策划人员可以创建自定义的 Actor、事件（Event）、函数（Function）等，不需要写任何代码。

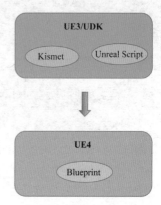

图 5-1　蓝图可视化编程的发展由来

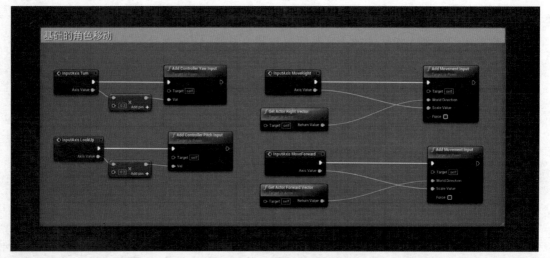

图 5-2　基于节点连接的蓝图可视化编程

5.1.2　蓝图的类型

蓝图有多种类型，每种均有其独特用法。在本章的知识范畴内，将着重探讨关卡蓝图和蓝图类的使用方法。后续章节中将会学习控件蓝图、动画蓝图等知识。

1. 关卡蓝图

关卡蓝图（Level Blueprint）是一种专业类型的蓝图，用作处理关卡范围的全局功能逻辑。在默认情况下，项目中的每个关卡都创建了属于当前关卡的关卡蓝图。每个关卡只能有一个关卡蓝图，开发者可以在关卡编辑器中打开关卡蓝图，但是不能通过编辑器接口创建新的关卡蓝图，如图 5-3 所示。

图 5-3　打开关卡蓝图

　　打开关卡蓝图后，可以在关卡中直接选择物体，然后在事件图表面板中右击创建该对象的引用，如图 5-4 所示。虽然这个过程很简单，但引用的物体只限定于它们使用中的关卡。这意味着关卡蓝图非常利于为关卡设定一些功能，如触碰到特定开关时将启动过场动画。或对其中的 Actor 进行设置，如在完成某个任务后打开一扇特定的门。

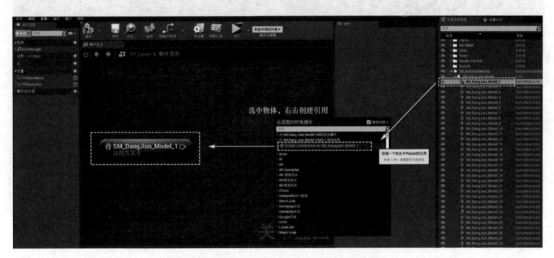

图 5-4　在关卡蓝图中引用关卡中的物体

　　关卡蓝图还提供了关卡流送（Level Streaming）和定序器（Sequencer）的控制机制，以及将事件绑定到关卡内 Actor 的控制机制。每个关卡拥有各自的关卡蓝图，可在关卡中引用并操作 Actor、使用关卡序列（Level Sequence）控制过场动画、对关卡中其他相关关卡事件功能逻辑进行管理等。

> **小提示**
>
> 关卡蓝图非常适合于创建一次性的功能原型和初学者快速熟悉蓝图系统。

2. 蓝图类

Blueprint Class（蓝图类），一般缩写为 Blueprint（蓝图），是一种允许开发者轻松地基于现有游戏为项目添加功能的资源。这类蓝图定义了一种新类别（或类型）的 Actor，和其他类型的 Actor 行为一样，可以放置在世界场景中进行实例化。蓝图类是制作场景中可交互资源的理想类型。例如，玩家角色、AI 角色、可开关的门、可拾取的道具等。在虚幻引擎 4 中，蓝图类通过可视化的方式创建，无须编写代码，被作为类保存在内容浏览器中，如图 5-5 所示。

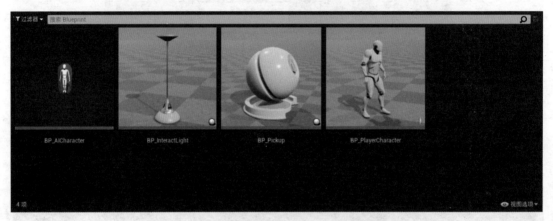

图 5-5   保存在内容浏览器中的蓝图类资产

小提示

蓝图类是在项目中实现可重用行为的最佳方式。因为创建蓝图类后，可将其添加到任意关卡，还可随意添加任意数量的副本到关卡中，所以在实际工作中，需要对蓝图类资产进行规范命名与管理。通常情况以"BP ＋名称"的方式来命名，BP 是（Blueprint）的缩写，如图 5-5 中所示的 BP_PlayerCharacter。

5.1.3　创建和使用蓝图类

蓝图类定义对象的属性和功能，根据需求，开发者可以创建多种不同类型的蓝图，但在这之前，需要为该蓝图指定继承的父类（Parent Class），这样允许开发者在自己的蓝图里调用父类的属性。

1. 选取父类

创建蓝图类的方法有很多，这里使用最常用的一种，如创建材质一样，在内容浏览器中右击弹出菜单，选择蓝图类，如图 5-6 所示。

选择创建蓝图类后，在弹出的菜单窗口中为蓝图资产选择父类。虚幻引擎 4 提供了最常见的父类，并且附加了详细的功能描述，如图 5-7 所示。

图 5-6　创建蓝图类资产　　　　　　　　　　　　图 5-7　选取父类

按需求选择相应的父类后为其命名，将在内容浏览器中保存新建的蓝图资产，如图 5-8 所示。

图 5-8　常见的父类蓝图资产

2. 了解蓝图编辑器

蓝图是虚幻引擎 4 中一个用途广泛的系统。它可以推动基于关卡的事件，也可以为游戏内的 Actors 编写控制脚本，甚至可以在高度写实的游戏角色系统中控制复杂动画。但对于不同类型的蓝图而言（如关卡蓝图、动画蓝图、控件蓝图等），编辑蓝图脚本的位置和可使用的工具将根据不同需求产生细微变化。这就意味着在虚幻引擎 4 中蓝图编辑器存在多个出现位置和方式，但蓝图编辑器执行的主要任务是一样的：创建并编辑强大的可视化脚本、驱动游戏的诸多元素。

究其本质而言，蓝图编辑器就是基于节点连接的图表编辑器，它是创建和编辑可视化脚本网络的主要工具。

使用创建的 Actor 类作为示例，双击打开该蓝图，进入到蓝图编辑器，其界面主要分

蓝图编辑器 UI

125

为六个部分，如图 5-9 和表 5-1 所示。

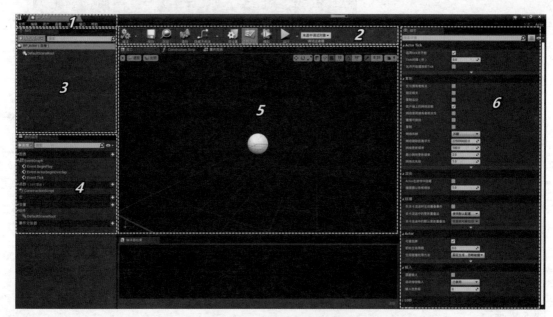

图 5-9　蓝图编辑器界面

表 5-1　蓝图编辑器界面详解

编号	名　称	说　明
1	菜单	菜单栏提供了对蓝图编辑器中创建和编辑可视化脚本网络时所用通用工具和命令的访问权限
2	工具栏	工具栏默认显示在蓝图编辑器的上方。该选项卡可轻松访问编辑蓝图时所需的常用命令。工具栏上的按钮根据开启的模式和当前编辑的蓝图类型会有所不同
3	"组件"面板	组件（Component）是可以添加到 Actor 上的一项功能。为 Actor 添加组件后，该 Actor 便获得了该组件所提供的功能
4	我的蓝图	该选项卡显示了蓝图中的事件、脚本、函数、变量等内容的树状列表。不同类型的蓝图将在该面板显示不同的内容
5	蓝图视口 / 事件图表	蓝图视口中，可以查看和操作添加的组件。 事件图表是蓝图系统的核心。开发者可在此面板创建节点网络，通过连接节点的方式来实现事件的调用、数据的传递等行为
6	"细节"面板	细节面板是一个情境关联的区域，使得可以在蓝图编辑器中编辑选中项的属性

3. 添加组件

Actor 类本身相当于一个容器，它需要通过组件来实现一些功能。默认情况下，Actor

类的组件面板默认添加了一个场景组件（Scene Component），该组件包含变换属性，并支持绑定子对象，但是它没有渲染或是碰撞功能。在项目开发过程中，需要开发者手动添加需要的组件。

转到蓝图编辑器左上角的组件面板，单击添加组件按钮，在弹出的菜单中选择添加立方体（Cube）组件，如图 5-10 所示。

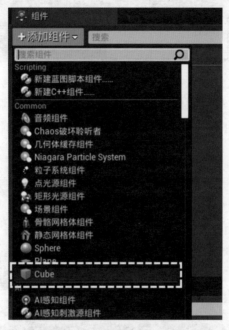

图 5-10　添加立方体体组件

选中添加的立方体组件，可以在蓝图视口中进行查看或编辑，也可以在细节面板中，通过参数来改修组件的属性，如图 5-11 所示。

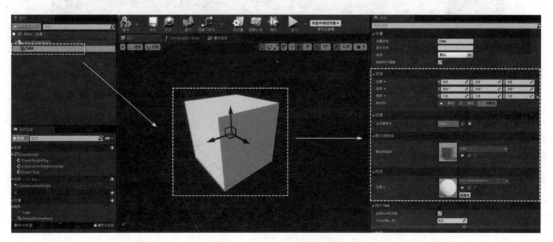

图 5-11　修改组件的属性

4. 蓝图实例化

在将蓝图类放置场景中进行实例化之前，需要对蓝图进行编译和保存才能使蓝图的修改生效。单击工具栏中的编译和保存按钮完成蓝图类资产的创建，如图 5-12 所示。

图 5-12　编译保存蓝图

回到内容浏览器中，索引到创建好的 Actor 类蓝图，选中拖放至关卡中，如图 5-13 所示。运行当前关卡，可以在关卡中看到一个立方体，此时它呈现静态，没有任何行为。

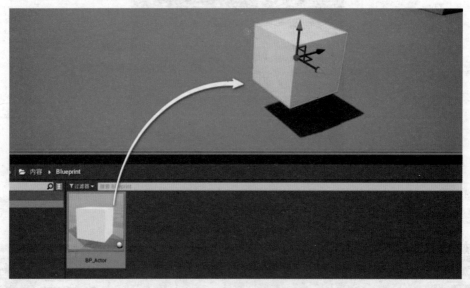

图 5-13　蓝图实例化

5. 编写事件逻辑

蓝图的事件图表使用事件来执行游戏逻辑或是设置交互功能和动态响应，通过调用事件和函数来执行操作。在事件图表中添加的功能会对该蓝图的所有实例产生影响。

这里将如图 5-13 中创建的 Actor 类蓝图添加旋转功能。实现功能的过程如下。

步骤 1：双击创建的 Actor 类蓝图进入蓝图编辑器，转到蓝图事件图表，选中组件面板中的立方体组件，拖放至图表中创建一个节点（组件被作为变量值读取进来），如图 5-14 所示。

图 5-14　创建立方体组件的数据引用

步骤 2：从创建的立方体节点的数据引脚拖曳鼠标产生一个连接，在空白处释放鼠标，会弹出一个节点列表，在此处搜索 AddWorldRotation 节点，如图 5-15 所示。

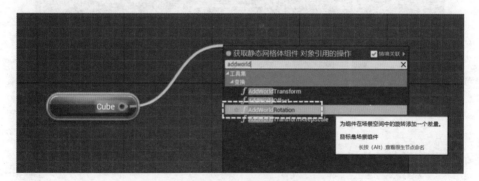

图 5-15　创建 AddWorldRotation 节点

步骤 3：设置 AddWorldRotation 节点中的 Delta Rotation 值为 X=0.0,Y=0.0,Z=1.0，接着与事件图表中初始存在的 Event Tick 节点连接在一起，如图 5-16 所示。

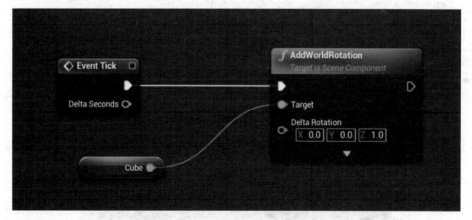

图 5-16　连接 Event Tick 节点

步骤4：使用蓝图编辑器工具栏中的调试过滤器指认选中的蓝图（在场景中选择），编译并保存蓝图。回到世界场景中，运行关卡，观察实例化的蓝图已经实现旋转功能，并且蓝图事件图表中 Event Tick 事件在不断执行，如图 5-17 所示。

图 5-17　蓝图实现旋转功能

5.1.4　蓝图的执行流程和变量

蓝图为脚本语言提供了一种可视化的方法。就其本身而言，它与标准脚本语言在一些方面有许多细微差别，如变量（Variable）、数组（Array）、结构体（Struct）等。蓝图的执行流程与在典型脚本语言中一样，但蓝图要求每个节点以线性方式连接。以下内容将介绍不同的变量类型、如何处理变量以及事件图表中节点的执行。

1. 执行流程

当关卡开始运行时，蓝图中要执行的第一个节点是一个"事件"，然后从左至右通过白色连接线执行蓝图逻辑，如图 5-18 所示。

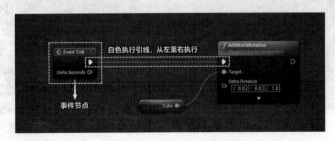

图 5-18　蓝图执行流程

1）事件

事件是从游戏性代码中调用的节点，它们使蓝图执行一系列操作，对游戏中发生的特定事件（如游戏开始时、游戏结束、受到伤害等）进行回应。

以 Actor 类蓝图为例，默认情况下引擎创建了三个事件放置在事件图表中，如图 5-19 所示。

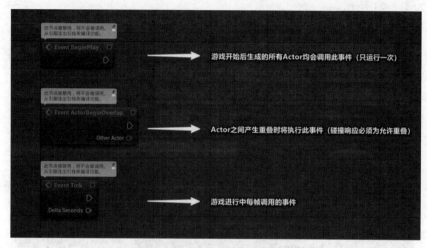

图 5-19　蓝图默认创建的事件

事件可以在蓝图中访问，以节点的方式存在。任意数量的事件均可在单一的事件图表中使用，一个事件只能执行一个目标或功能。如果想要从一个事件触发多个操作，需要将它们线性串联起来。事件除了默认创建的外，还可以右击图表空白区域按需求搜索创建，如图 5-20 所示。

图 5-20　通过搜索创建蓝图事件节点

2）创建节点

蓝图节点是在事件图表中用来定义该蓝图特定功能的对象，例如，事件节点、函数调用节点、流程控制节点、变量节点等。尽管每种类型的节点执行一种特定的功能，但所有节点的创建及应用方式都是相同的。

在蓝图事件图表中，右击空白区域，会弹出搜索节点的菜单，通过输入名称以创建新的节点，如图 5-21 所示。

图 5-21　搜索名称创建节点

也可以从节点的一个引脚处拖曳鼠标弹出搜索节点菜单，通过这种方式创建的节点能够和起始连接的节点的引脚相兼容，如图 5-22 所示。

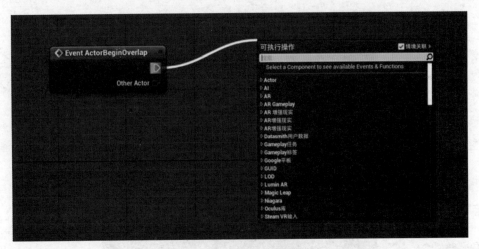

图 5-22　拖曳节点引脚创建节点

3）节点引脚

蓝图节点两侧都可以有引脚。左侧为输入引脚，右侧为输出引脚。引脚有以下两种主要类型，如图 5-23 所示。

图 5-23　蓝图节点引脚

- 执行引脚——用于将节点连接在一起后执行流程。当输入执行引脚被激活后，节点将被执行。一旦执行完成，它将激活下一个连接的节点。
- 数据引脚——用于将数据传入节点或从节点输出数据。数据引脚只能与同类型的相连接，可以连接到同一类型的变量（变量有自带数据引脚），也可以连接到其他节点上同类型数据引脚。

4）连接节点

连接蓝图节点的最常用方法为"引脚至引脚"连接，使用鼠标左键拖动一个引脚到另外一个"兼容"的引脚上时出现绿色的"√"，如图 5-24 所示。尝试连接不兼容的引脚时，将会提示节点无法连接的原因。

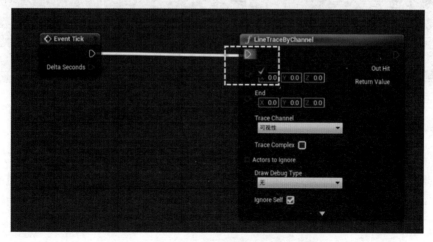

图 5-24　连接兼容的引脚

　　数据引脚拥有各自的颜色显示，反映出它们接收的数据类型，如图 5-25 所示。但也存在两个不同类型引脚连接的情况，此时引擎会自动创建一个"类型转换"节点，如图 5-26 所示。

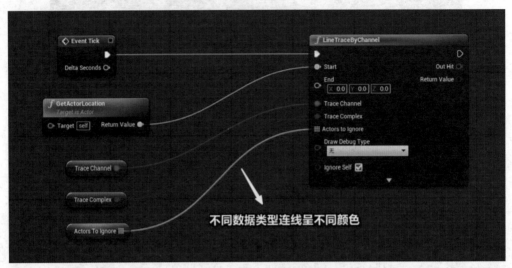

常用蓝图
节点

图 5-25　数据引脚呈现不同颜色

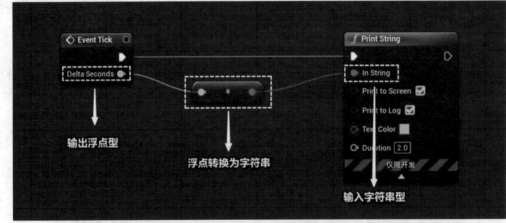

流程控制
节点

图 5-26　数据类型转换

2. 变量

　　变量是存储计算结果或引用世界场景中的对象或 Actor 的抽象概念。变量的属性可以由包含它们的蓝图通过内部方式访问，也可以通过外部方式访问，以开发者使用放置在关卡中的蓝图实例来修改它们的值。变量在蓝图事件图表中显示为包含变量名称的圆形框节点，如图 5-27 所示。

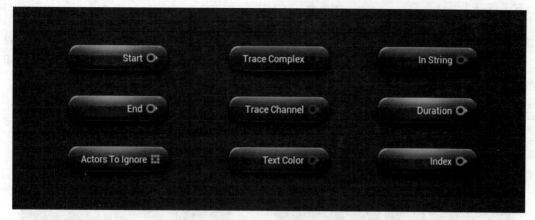

图 5-27　变量节点的显示样式

1）变量类型

变量可以采用各种不同的类型创建，包括布尔型（Boolean）、整数型（Integer）和浮点型（Float）等数据类型。它们采用不同颜色编码，便于在蓝图中识别，如图 5-28 所示。蓝图变量还可以是用于保存对象、Actor 和类等内容的引用类型。

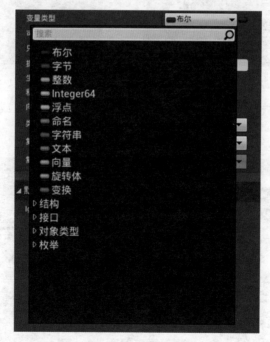

图 5-28　变量的类型

2）创建变量

在我的蓝图（My Blueprint）面板中允许开发者创建变量添加到蓝图，并列出所有存在的变量，包括组件列表中添加的组件实例变量。按照以下步骤即可实现在蓝图中创建变量。

步骤1：通过单击我的蓝图面板中变量列表上的"+"按钮创建一个新的变量，如图 5-29 所示。

步骤2：选中新创建的变量，可以右击弹出选项或按下 F2 修改变量名称，如图 5-30 所示。

图 5-29　创建新的变量

图 5-30　修改变量名称

步骤3：在细节面板中，有一些设置可以用于定义如何使用或访问变量，如图 5-31 所示。

图 5-31　变量属性设置

3）获取和设置变量值

在使用蓝图中的变量时，有两种方式可以访问它们：通过使用获取（Get）来创建变量值节点，或使用设置（Set）节点来设置变量的值。最简单的创建方法是选中变量直接拖放至事件图表中，这时，引擎会询问是否要创建获取或设置变量，如图 5-32 所示。

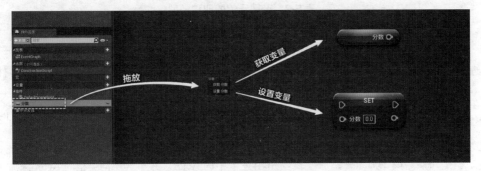

图 5-32　访问蓝图中的变量

- 获取（Get）节点——用于提供变量的数值。完成创建后，可以将这些节点插入任何数据类型相匹配的引脚。如图 5-33 所示。
- 设置（Set）节点——用于更改变量的数值。但这些节点必须由执行引线调用才能执行，如图 5-34 所示。

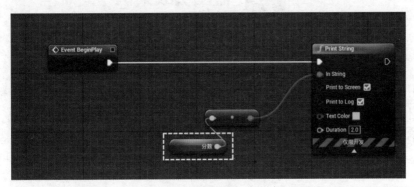

图 5-33　获取（Get）变量

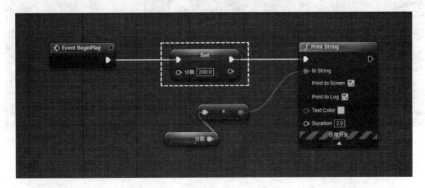

图 5-34　设置（Set）变量

蓝图变量

137

5.1.5 蓝图的通信

蓝图的通信

蓝图提供了多种不同 Actor 之间传递和共享信息的方法，本小节概述四种可用的
Actor 之间通信的方法，以及每种方法的要求和常见示例，如表 5-2 所示。

表 5-2　蓝图通信的四种类型

通信类型	使用时机	要　求	示　例
直接通信	与关卡中 Actor 的特定实例通信时	需要引用关卡中的 Actor	在特定的 Actor 上触发事件
类型转换	希望验证 Actor 是否属于特定类时，以便访问其属性	需要引用关卡中的 Actor，以类型转换节点转换到所需的 Actor 类	访问由同一父类继承的子 Actor 的特定功能
蓝图接口	需要为不同 Actor 添加相同功能时	需要引用关卡中的 Actor，并且该 Actor 添加了蓝图接口	为不同类型的 Actor 添加交互行为
事件分发器	通过单个事件来影响多个不同的 Actor	Actor 需要绑定好事件，以便响应事件分发器发出的指令	通知不同类型的 Actor，某事件已经触发

5.2　蓝图实战案例

5.2.1 项目Gameplay框架

虚幻引擎 4 为开发项目提供了一套基础框架，在这套框架的基础上，开发者可以快速
构建出项目的雏形。

以本书提供的"国家安全知识教育 VR 展厅"项目为例，游戏框架的基础是游戏模式
（GameMode），如该项目中的"第一人称游戏模式"和"虚拟现实游戏模式"，如图 5-35 所示。

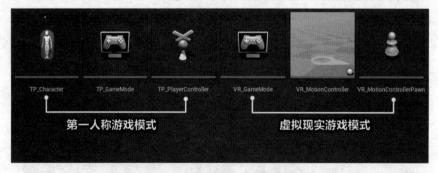

图 5-35　项目游戏模式

GameMode 定义的是游戏规则，如获胜的条件等。同时它也处理玩家的生成，在玩家

控制器（PlayerController）中设置一名玩家，与其同时会产生一个 Pawn。Pawn 是玩家在游戏中的物理代表，控制器则拥有 Pawn 并设置其行为规则。本项目中共有两个 Pawn：如图 5-35 中的 VR_MotionControllerPawn 应用于虚拟现实游戏模式；TP_Character 实际为角色（Character），是 Pawn 的一个特殊子类，拥有行走、跑、跳等内置移动功能，应用于第一人称游戏模式。

　　Pawn 可包含自身的移动规则和其他游戏逻辑，但控制器也可拥有该功能。控制器可以是真人玩家输入的 PlayerController 或计算机自动控制的 AIController。在本项目中，由于没有 AI 角色，因此在第一人游戏模式下，PlayerController 拥有的是 TP_Character，其中设有移动、转动相机视角、相机聚焦、射线交互等功能。而虚拟现实游戏模式下，PlayerController 拥有的是 VR_MotionControllerPawn，其中包含手柄传送、手柄射线交互等功能。项目运行时，玩家的输出将使角色 /Pawn 在场景中四处移动 / 传送。

　　1. Gameplay 框架快速参考

　　虚幻引擎 4 为开发者抽象出了一些基本的 Gameplay 类，包括用于表示玩家、队友、敌人、观众的类（DefaulePawn、Character、SpectatorPawn），以及通过玩家输入或 AI 逻辑控制的类（PlayerController、AIController）。还包括为玩家创建抬头显示和摄像机的类（HUD、Camera）。还有用于设置游戏规则（GameMode），并追踪游戏和玩家的进展情况的类（GameState、PlayerState）。由这些类创建的所有 Actor，可以放置在关卡中，也可以在需要时动态生成，其具体类型参考如表 5-3 所示。

表 5-3　基本的 Gameplay 类

在世界场景中表示玩家、队友和敌人	
Pawn	可被控制器所拥有，且可将其设置为接受输入，用于执行各种各样类似于玩家的任务。但请注意，Pawn 不被认定为具有人的特性
角色	默认情况下，它带有一个用于碰撞的胶囊组件和一个角色移动组件。它可以执行类似人类的基本动作，还具有一些与动画相关的功能
使用玩家输入或 AI 逻辑控制 Pawn	
玩家控制器	玩家控制 Pawn 的接口，可以认为其代表真实玩家的意志
AI 控制器	是一个可以控制 Pawn 的"模拟意志"
向玩家展示信息	
HUD	为玩家创建的抬头显示。可以用于显示生命值、弹药数、积分、枪准星等。每个玩家控制器通常都配有其中一种显示
摄像机	相当于玩家的眼球并且管理他的行为。每个玩家控制器通常有一个此类型的摄像机

续表

设置并追踪游戏规则	
游戏模式	游戏的定义，包括游戏规则和获胜条件等内容
游戏状态	含游戏的状态，其中可以包括联网玩家列表、得分、棋类游戏中棋子的位置，或者在开放世界场景中完成的任务列表
玩家状态	游戏玩家的状态，如人类玩家或模拟玩家的 AI。在玩家状态中适当的示例数据包括玩家姓名、等级、积分等

2. Gameplay 框架关系

游戏由游戏模式和游戏状态组成。加入游戏的人类玩家与玩家控制器相关联，这些玩家控制器允许玩家在游戏中拥有 Pawn，这样他们就可以在关卡中拥有物理代表。玩家控制器还可以向玩家提供输入控制、HUD，以及用于处理摄像机视图的摄像机管理器，如图 5-36 说明了这些 Gameplay 类是如何相互关联的。

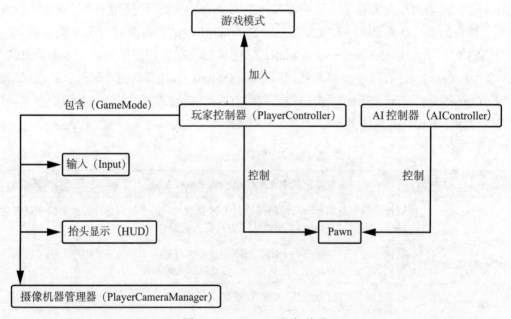

图 5-36　Gameplay 框架关系

知识加油站

Gameplay 可以通俗地理解为使游戏可玩性高的游戏交互。可玩性是个很抽象的概念，但是游戏的操作手感、设计、输入等都可以算可玩性的一部分，于是就有了 Gameplay 的 3C 概念，也就是角色（Character）、摄像机（Camera）、控制（Control）。虚幻引擎 4 提供了十分完整的 Gameplay 框架，能满足基本上所有 Gameplay 功能的实现。本章只对虚幻引擎 4 的 Gameplay 框架做了非常浅显的概述，有关其更多信息可查阅虚幻引擎官方发布的相关文章。

5.2.2　创建交互体验

从本章附带的教学资源中下载"国家安全知识教育 VR 展厅"项目工程文件，此阶段已完成了场景布置、材质制作和布光渲染。本小节案例使用此工程文件，结合所学蓝图基础知识为项目创建游戏模式，制作可操控的角色和可交互的物体。

1.创建游戏模式

从项目文件夹中双击 VR_NationalSecurity 工程文件打开项目，如图 5-37 所示。

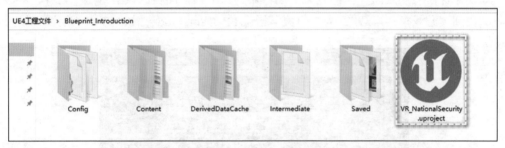

图 5-37　打开项目

在内容浏览器中创建一个名为 Blueprint 的文件夹用来存放蓝图资产文件。然后在此文件夹中创建蓝图类，选取父类，分别创建"游戏模式基础""玩家控制器""角色"类，并按规范命名，如图 5-38 所示。

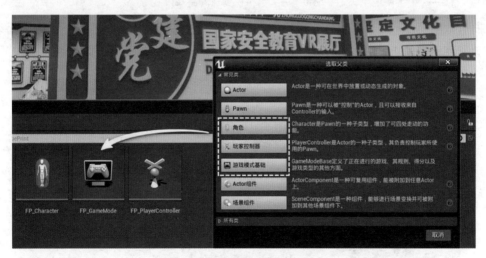

图 5-38　创建游戏模式基础

双击打开图 5-38 中的 FP_GameMode。在类设置中，将"玩家控制器类"和"默认 Pawn 类"分别指定为 FP_PlayerController 和 FP_Character，如图 5-39 所示。

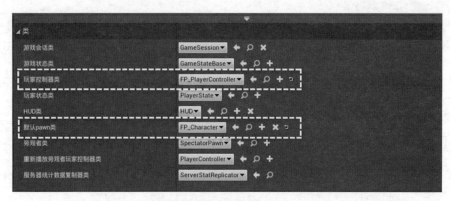

图 5-39　指定玩家控制器类和 Pawn 类

　　编译保存游戏模式蓝图，回到关卡编辑器，在工具栏面板的设置选项中打开世界场景设置，找到"游戏模式重载"，为当前关卡指认 FP_GameMode，如图 5-40 所示。

图 5-40　为关卡指认创建的游戏模式

　　打开放置 Actor 面板，找到玩家出生点，选中拖入场景，放置在地面上，旋转玩家出生点让其朝向场景正面，如图 5-41 所示。

图 5-41　放置玩家出生点

运行关卡。依照指认的游戏模式，在玩家出生点位置生成了角色 FP_Character，并且朝向展厅场景的正面，但此时玩家无法控制该角色进行移动，如图 5-42 所示。

图 5-42　运行展厅场景

2. 创建可操作的角色

为了能够在场景中漫游，需要让角色 FP_Character 接收来自控制器 "FP_PlayerController" 的操作输入。实现功能的过程如下。

步骤 1：双击打开角色 FP_Character 蓝图，在组件面板添加弹簧臂（SpringArm）组件和摄像机（Camera）组件，并将摄像机作为弹簧臂的子组件，如图 5-43 所示。

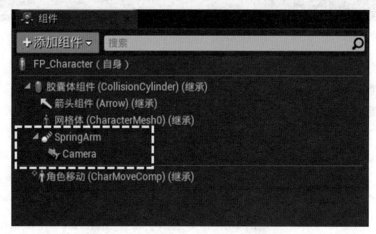

图 5-43　添加弹簧臂和摄像机组件

步骤 2：选中弹簧臂组件，在细节面板中修改其属性。设置位置：X=0.0,Y=0.0,Z=60.0，目标臂长度：0，勾选使用 Pwan 控制旋转，勾选启用摄像机旋转延迟，如图 5-44 所示。

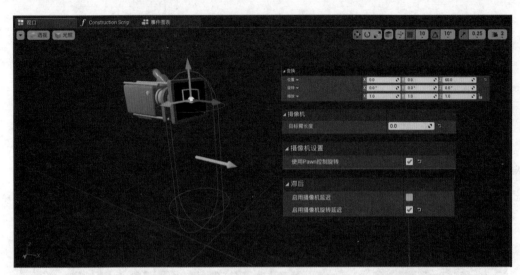

图 5-44　修改弹簧臂组件参数

步骤 3：从菜单栏进入项目设置，为项目添加操作映射和轴映射事件，后续在蓝图中可以调用这些绑定好的输入事件，如图 5-45 所示。

图 5-45　绑定输入事件

步骤 4：单击轴映射后面的 "+" 号新建映射。这里需要四个映射事件，名称可以设置为：MoveForward、MoveRight、LookUp 和 LookAround。接着在每个映射的下拉选项中，为其绑定好键盘的按键（使用 WASD 控制角色移动、使用鼠标控制视角旋转），如图 5-46 所示。

步骤 5：设置完成绑定映射后，双击打开 FP_PlayerController 蓝图，在事件列表中编写控制角色移动的逻辑。右击搜索步骤 4 中添加的 MoveForward 和 MoveRight 映射事件，创建节点。为了实现控制角色移动，继续创建 Get Player Pawn 节点以确定增加位移输入的目标，从 Get Player Pawn 节点的数据引脚拖出引线，创建 Add Movement Input 节点。最后还需要创建 Get Actor Forward Vector 和 Get Actor Right Vector 节点以确定移动的方向，最终节点连接如图 5-47 所示。

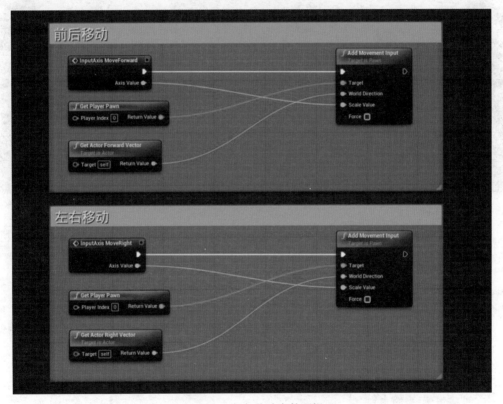

图 5-46　添加轴映射事件

图 5-47　角色移动事件逻辑

　　步骤 6：完成角色移动后接下来需要编写使用鼠标来控制摄像机以实现视角转动的功能。如上述步骤一致，调用 InputAxis LookUp 和 InputAxis LookAround 映射事件。创建 Get Player Pawn 节点以确定增加控制器旋转输入的目标，从 Get Player Pawn 节点的数据引脚拖出引线，创建 Add Controller Pitch Input 节点与 InputAxis LookUp 事件节点连接，创建 Add Controller Yaw Input 节点与 InputAxis LookAround 事件节点连接，如图 5-48所示。

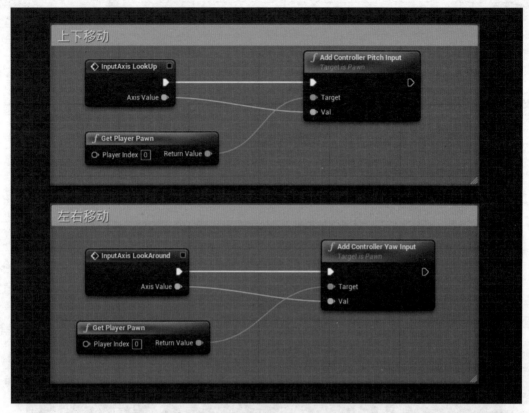

图 5-48　视角转动事件逻辑

步骤 7：编译保存蓝图，回到关卡编辑器。运行关卡，测试按下键盘的 WASD 控制角色移动和使用鼠标转动角色视角的功能。

> **小提示**
>
> 在蓝图事件图表中框选节点按 C 键可以为节点添加注释，善于为节点网络做注释说明是一个良好的工作习惯。

3. 创建可交互的电视

编写完角色的基础操控逻辑后，可以实现在展厅中以"第一人称模式"进行漫游。接下来需要实现的是操控角色与场景中的电视机进行互动。

实现此功能的逻辑是借助蓝图中碰撞体积组件的重叠时状态触发事件，当角色靠近时，电视机打开并且播放视频，当玩家远离时，电视机关闭。实现功能的过程如下。

步骤 1：在内容浏览器中创建一个新的 Actor 类蓝图，命名为 BP_TV。在 Assets 文件夹内找到名为 SM_Deco_Tv02 的电视机静态网格体资产，将其拖放至新建蓝图中的组件面板以创建静态网格体组件，如图 5-49 所示。

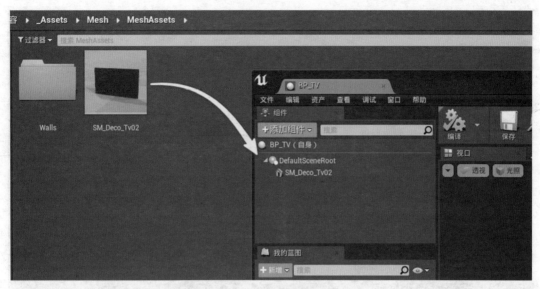

图 5-49　创建电视机蓝图

步骤 2：为电视机蓝图添加盒体碰撞组件（Box Collision），在属性面板调整盒体的范围使其包裹住电视机，编译保存蓝图，如图 5-50 所示。

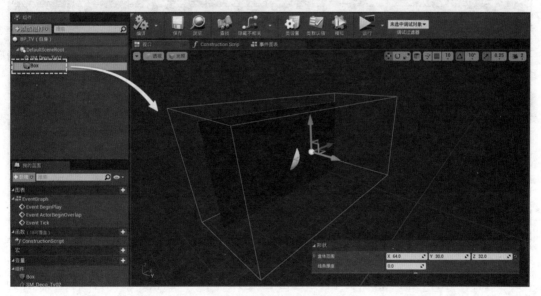

图 5-50　添加盒体碰撞

步骤 3：将 BP_TV 蓝图拖入场景实例化，放置在如图 5-51 所示的位置。

步骤 4：在内容浏览器中创建一个名为 Movies 的文件夹（必要），然后将从本章附带教学资源中下载的视频文件"百年风华"复制至该路径下。回到内容浏览器的 Movies 文件夹，在空白处右击创建媒体→"媒体播放器"，勾选弹出窗口中的视频输出媒体纹理（Media Texture）资产，并将其命名为"Media Player"，如图 5-52 所示。

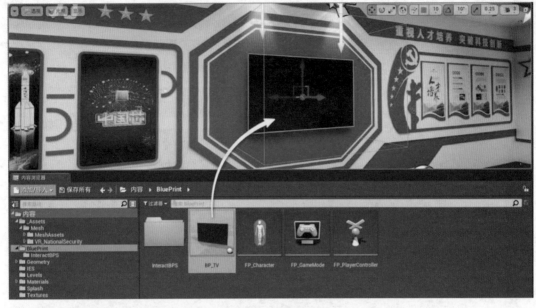

图 5-51　将电视机蓝图放入场景

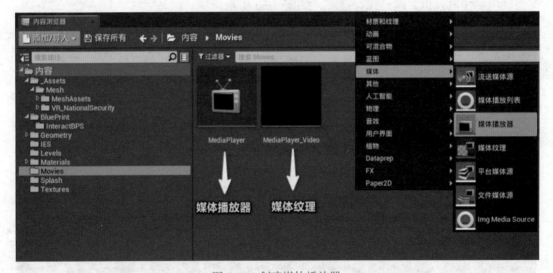

图 5-52　创建媒体播放器

步骤 5：在内容浏览器空白处右击创建媒体→"文件媒体源"，将其命名为"Movie_百年风华"。双击将其打开，在文件路径选项处将视频文件进行导入，如图 5-53所示。

步骤 6：保存所有资产，双击打开媒体播放器 MediaPlayer，确保导入的视频被自动加载进播放列表并且能正常播放视频。可以在细节面板勾选循环播放（如有必要）选项，如图 5-54 所示。

图 5-53 创建媒体源文件

图 5-54 媒体播放器设置

步骤 7：右击创建一个材质，命名为 M_MeshVideo。双击打开该材质，将上述内容中创建的媒体纹理拖入材质编辑器，将媒体纹理的 RGB 输出连接至材质的"基础颜色"和"自发光颜色"上，如图 5-55 所示。

步骤 8：完成媒体视频文件的导入和材质的创建后，使用切换材质的方法来实现在模型上播放视频以达到开关电视机的效果。双击打开 BP_TV 蓝图，在组件面板选中盒体碰撞，右击为其添加 OnComponentBeginOverlap 和 OnComponentEndOverlap 两个事件，如图 5-56 所示。

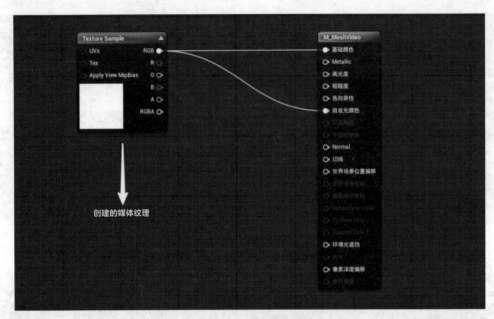

图 5-55　为视频播放创建材质

图 5-56　为盒体碰撞添加重叠事件

步骤 9：为了能够在 BP_TV 蓝图中使用媒体播放器，则需要创建一个媒体播放器类型的变量，并引用在内容浏览器中创建的 MediaPlayer，如图 5-57 所示。

步骤 10：编译保存蓝图，在新建的媒体播放器变量的默认值指认内容浏览器中的 MediaPlayer 资产，如图 5-58 所示。

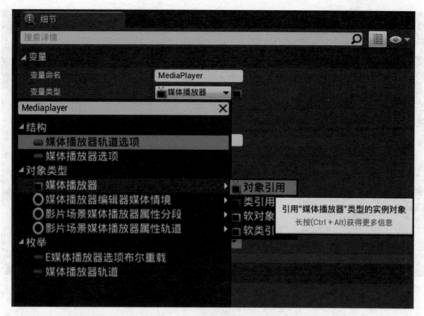

图 5-57　创建媒体播放器的对象引用

图 5-58　为媒体播放器变量设置默认值

　　步骤 11：一切准备就绪。转到事件图表，编写开关电视的事件逻辑。当触发 On Component Begin Overlap 事件时，媒体播放器打开，电视机屏幕的材质设置为视频播放材质。当触发 On Component End Overlap 事件时，媒体播放器关闭，电视机屏幕的材质设置为原静态网格体的材质。蓝图节点连接如图 5-59 所示。

　　步骤 12：编译保存蓝图，回到关卡编辑器。运行关卡，操控角色移动至电视机旁，测试开关电视机的功能，此时会发现播放视频时没有声音。要解决这个问题非常简单，打开 BP_TV 蓝图，为其添加媒体音效（MediaSound）组件，然后在细节面板为媒体音效组件指认内容浏览器中的媒体播放器资产即可，如图 5-60 所示。

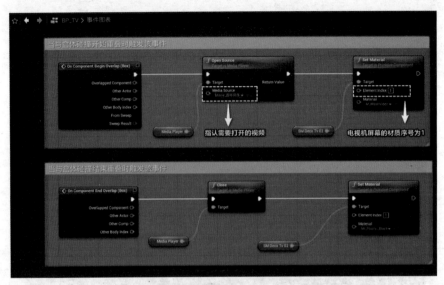

图 5-59　编写开关电视机的事件逻辑

图 5-60　添加媒体音效组件

步骤 13：再次编译保存蓝图，运行关卡，测试所有功能是否实现。按照上述步骤，已实现角色与电视机进行交互，并且播放视频和播放音效一切正常，如图 5-61 所示。

图 5-61　完成角色与电视机交互

◆ 本 章 小 结 ◆

　　蓝图系统是虚幻引擎 4 的基础设施，它非常灵活且功能强大，涉及多个系统，比如：Gameplay、UMG 用户界面、动画、Niagara 粒子等。通过蓝图可执行许多操作。从制作小游戏或程序化内容工具，到设计新功能原型，再到调试和改进程序员制作的内容，均可通过蓝图可视化脚本系统来完成。蓝图的设计理念不管是对于团队还是个人来说，都是易用的、友好的，不要求使用者拥有编程的背景即可帮助团队快速迭代功能原型。

　　在本章中，介绍了蓝图可视化编程的基础知识，利用"国家安全教育 VR 展厅"项目作为背景讲述了 Gameplay 的概念，并设置了三个目标：为该项目创建游戏模式，创建可操控的角色和制作一个可交互的物体。通过在本章学习到的知识和技巧，将为后续章节创建更加复杂的交互行为打下扎实的基础。

◆ 练 习 题 ◆

　　1. 创建游戏模式和可操控的角色

　　通过本章讲述的蓝图基础知识结合提供的 UE4 工程文件，练习使用蓝图创建游戏模式和可操控的角色。

　　2. 创建可交互的电视

　　使用本书提供的 UE4 工程文件，借助蓝图编辑器实现场景中电视的交互功能。

　　3. 拓展作业

　　参考本书附带的"国家安全教育 VR 展厅"项目的实机演示视频文件，结合不同交互类作品的特性，尝试使用蓝图为该项目继续开发不同的交互功能。

第6章

用户界面系统

 导读

　　用户界面（User Interface UI）也称"使用者界面"，是软件和用户之间进行交互和信息交换的媒介，实现信息的内部形式与人类可以接受形式之间的转换。通常情况下 UI 分两种，一种是游戏 UI，另一种是应用 UI。游戏 UI 是通过设计界面让游戏系统和玩家之间能进行互动娱乐的桥梁，它注重辅助游戏画面，让玩家对画面产生沉浸式体验。除了游戏以外的那些产品（如微信、美团、抖音等）里的 UI 都属于应用 UI，注重平静的界面设计。好的 UI 设计不仅是让软件变得有个性、有品位，还要让软件的操作变得舒适、简单、灵活，充分体现软件的定位和特点。

职业能力目标

- 掌握虚幻示意图形界面设计器制作 UI 的工作流程。
- 能够设计不同风格的 UI 视觉布局。
- 能够使用蓝图编辑器为 UI 编写交互逻辑。

拓展目标

- 掌握虚幻引擎界面设计器的动画系统。
- 掌握 3D 用户界面的制作方法。

6.1　界面设计器基础

6.1.1　游戏UI的发展与设计流程

从游戏的发展历程可以看出，游戏的 UI 形态和表现形式及画面的精美程度也随之变化。在游戏百家争鸣的现阶段，玩家对于游戏的画面、UI 的美术品质和交互体验感的要求也越来越高，这是促进游戏 UI 不断发展的原因。

游戏画面品质的提高其实是技术的变化、引擎技术的更新迭代和大众时代审美的变化的结果。国内的游戏产业，到目前经过十几年的发展历程，行业从无序到有序，从盲目设计到科学规划，作为游戏项目生产中的一个环节，"游戏 UI 设计"也是一个由系统理论支持、科学的工作流程、岗位细分明确的一个"职业行业"，如图 6-1 所示。

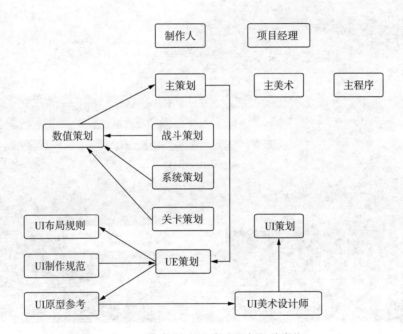

图 6-1　游戏 UI 的生产流程与相关岗位

6.1.2　UMG概述

UMG 是一个可视化的 UI 创作工具。可以用来创建 UI 元素，如游戏中的 HUD（Head Up Display）、菜单或是希望呈现给用户的其他界面相关图形。UMG 的核心是控件，这些控件是一系列预先制作的函数，可用于构建界面（如按钮、复选框、滑块、进度条等）。控件在专门的控件蓝图中编辑，该蓝图使用两个选项卡进行构造：设计器（Designer）选项卡允许界面和基本函数的可视化布局，而图表（Graph）选项卡提供所使用控件实现功能的逻辑。

6.1.3 控件蓝图

在使用 UMG 之前，需要先创建控件蓝图（Widget Blueprint）。

1. 创建控件蓝图

在内容浏览器中右击打开创建菜单，然后在用户界面选项下选择控件蓝图选项，如图 6-2 所示。

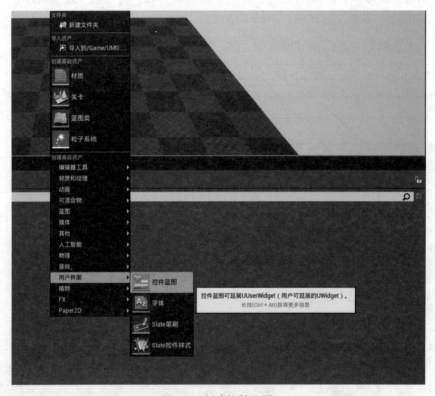

图 6-2　创建控件蓝图

为了规范管理项目资产，内容浏览器中创建的控件蓝图资源也应该进行规范命名。将控件蓝图的默认名称更改为 BPW_UMG_Introduction，如图 6-3 所示。

双击创建的控件蓝图，打开控件蓝图编辑器，如图 6-4 所示。

小提示

控件蓝图没有绝对的命名框架，这里使用 BPW_ 是因为蓝图资源在命名时一般都是以 BP_ 开头，W 是 Widget 的缩写。实际项目中应该由团队制定相关的命名框架。

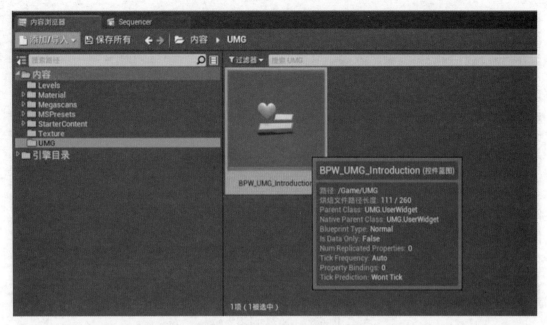

图 6-3 规范命名控件蓝图

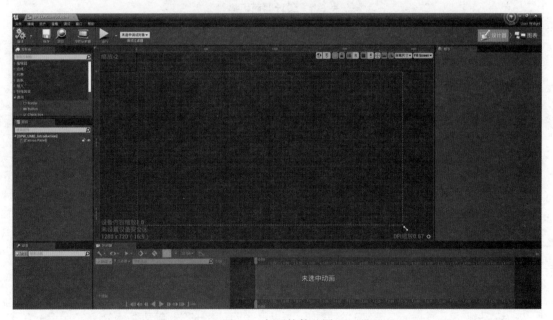

图 6-4 打开控件蓝图

2. 控件蓝图编辑器操作指南

默认情况下,打开控件蓝图时,控件蓝图编辑器会打开并显示设计器选项卡。设计器选项卡提供 UI 布局的视觉呈现,并让开发者对屏幕在游戏中的外观有一个概念,如图 6-5 和表 6-1 所示。

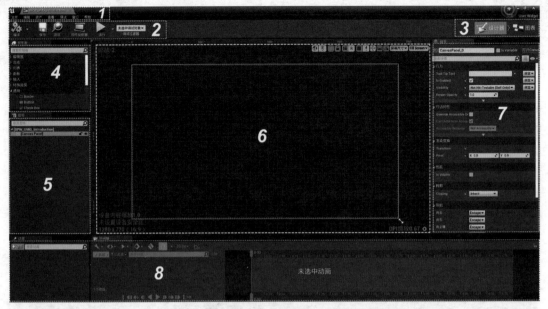

图 6-5　UNG 设计器界面

表 6-1　设计器面板描述

编号	窗　口	描　　述
1	菜单栏	普通的菜单栏
2	工具栏	其中包含蓝图编辑器的一系列常用功能，比如编译、保存和播放
3	编辑器模式	将 UMG 控件蓝图编辑器在"设计器"和"图表"模式之间切换
4	控制板	控件列表，可以将其中的控件拖放到视觉设计器中
5	层级	显示用户控件的父级结构，还可以将控件拖动到此窗口
6	视觉设计器	布局的视觉呈现，在窗口中可以操纵已拖动到视觉设计器中的控件
7	细节	显示当前所选控件的属性
8	动画	UMG 的动画轨，可以用于设置控件的关键帧动画

　　单击"设计器"和"图表"可以切换编辑器模式。图表编辑器的功能与默认的蓝图编辑器类似，如图 6-6 所示。有关图表编辑器基本功能的详细信息，可查阅蓝图章节相关内容。

图 6-6　切换图表编辑器界面

小提示

　　视觉设计器窗口默认按 1∶1 比例显示，可以使用鼠标滚轮进行放大或缩小。

6.1.4　控件类型参考

　　控件蓝图编辑器中的控制板窗口中存在多种类别的控件，每个类别中都包含不同的控件，开发者可以将这些控件拖放到视觉效果设计器或层级面板中。通过混合和搭配这些控件，可以在设计器面板上设计 UI 的布局，通过每个控件的细节面板中的属性以及图表编辑器，为控件设置样式和添加交互功能。

　　1. 通用控件

　　最常用的控件多包含在此类别中，如图 6-7 和表 6-2 所示。

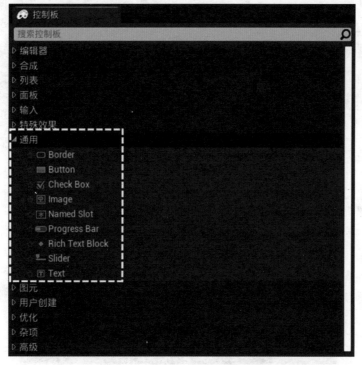

图 6-7　UMG 通用类的控件

表6-2　通用类控件说明

选　　项	说　　明
边框（Border）	边框是容器控件，可以包含一个子控件，提供使用边框图像和可调节的填补将其包围起来的机会
按钮（Button）	按钮是单子项、可单击的 Primitive 控件，它可实现基本交互
复选框（Check Box）	复选框可以显示"未选中""选中"和"不确定"三种切换状态
图像（Image）	图像控件，可以在 UI 中显示笔刷、纹理或材质
指定插槽（Named Slot）	此控件用于为用户控件显示可使用任何其他控件来填充的外部槽。对创建自定义控件功能而言，此控件非常有用
进度条（Progress Bar）	进度条控件是可以逐渐填充的简单条形。可以重新设计样式以适应各种用途，例如经验值、生命值、分数等
富文本块（Rich Text Block）	此控件提供了一个更灵活的文本块，支持样式更改、内联图像、超链接等内容的标记
滑块（Slider）	简单的控件，显示具有手柄的滑块，可以在 0~1 的范围内控制值
文本（Text）	在屏幕上显示文本的基础控件，可以用于选项或其他 UI 元素的文本说明

2. 输入控件

UMG 允许用户进行输入相关的控件包含在此类别中，如图 6-8 和表 6-3 所示。

图 6-8　UMG 输入类控件

表 6-3　输入类控件说明

选　项	说　明
组合框（字符串）（ComboBox（String））	此控件可以向用户显示包含选项列表的下拉菜单，供用户从中选择一个选项
可编辑文本（Editable Text）	允许用户输入文本字段，没有框背景，该控件仅支持单行可编辑文本
多行可编辑文本（Editable Text（Multi-Line））	与可编辑文本相似，但支持多行文本而非单行文本
数字显示框（Spin Box）	允许直接输入数字或允许用户单击并滚动数字
文本框（Text Box）	允许用户输入自定义文本，但仅允许输入单行文本
文本框（多行）（Text Box（Multi-Line））	与文本框相似，但允许用户输入多行文本而非单行文本

3. 面板控件

面板（Panel）类别中包含用于控制布局和放置其他控件的有用控件，如图 6-9 和表 6-4 所示。

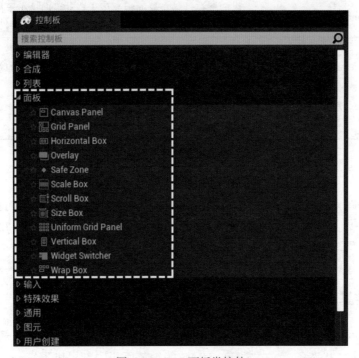

图 6-9　UMG 面板类控件

表 6-4　面板类控件说明

选　项	说　明
画布面板（Canvas Panel）	该控件是一种开发人员友好型的面板，其允许在任意位置布局、固定控件，并将这些控件与画布的其他子项按列出顺序排序
网格面板（Grid Panel）	在所有子控件之间平均分割可用空间的面板
水平框（Horizontal Box）	用于将子控件水平排成一行
覆层（Overlay）	允许控件上下堆叠并对每层内容采用简易流动布局的面板
安全区（Safe Zone）	可以拉取平台安全区信息并添加填充
缩放框（Scale Box）	允许用户按所需大小放置内容并将其缩放为符合框内所分配区域的约束尺寸的控件
滚动框（Scroll Box）	一组可任意滚动的控件，当需要在一个列表中显示多个控件时非常有用。该控件不支持虚拟化
尺寸框（Size Box）	用于指定所需尺寸。部分控件呈现的所需尺寸并非实际需要的尺寸
统一网格面板（Uniform Grid Panel）	在所有子控件之间平均分割可用空间的面板
纵向框（Vertical Box）	纵向框控件是布局面板，用于自动纵向排布子控件。当需要将控件上下堆叠并使控件保持纵向对齐时，此控件很有用
控件切换器（Widget Switcher）	控件切换器类似于选项卡控件，但没有选项卡，用户可以自行创建并与此控件组合，以获得类似于选项卡的效果。一次最多只显示一个控件
自动换行框（Wrap Box）	该控件会将子控件从左到右排列，超出其宽度时会将其余子控件放到下一行

小提示

　　以上列出的是控件蓝图中常用的控件类型。实际项目中并不是所有的控件都符合项目的需求，开发者可根据需求选择合适的控件用于设计 UI 布局。更多的控件类型可以通过单击控件，查看使用指南以及控件本身相关的更多信息。

6.1.5　控件基本属性

　　通过 UMG 创建 UI 并添加到用户屏幕时，排布各种元素的布局仅仅是第一步。对于每个按钮、图像、状态条、文本框等，UMG 的细节面板中都提供了每一个控件可以直接调节的参数选项。这些参数选项是控件的属性，它们将直接影响控件的显示方式和交互逻辑，如图 6-10 所示。

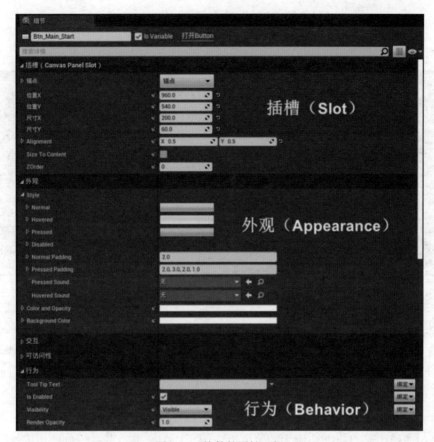

图6-10 控件的属性面板

1. 通用属性

通用（Common）属性包含控件的名称、是否为变量和搜索框，如图6-11所示。

图6-11 控件的通用属性

1）控件名称

在虚幻引擎4中，由于控件的名称在单个文件内是全局检索的，因此一个文件里不可能存在两个一模一样的名称。这样做的好处是程序可以直接调用控件名进行代码编写，而创作者则需要更加规范地对控件进行命名。一般的命名规则是：控件类型 _ 父节点 _ 功能名，如 Btn_Main_Start、Img_Main_Background 等。

2）是否为变量

Is Variable 提供一个复选框选项，可以选择是否将控件设置为变量，变量越多，控件蓝图读取数据的时间越长。因此，在为控件编写交互逻辑时，无须引用的控件尽

163

量不要勾选。勾选 Is Variable 后，该控件可在图表编辑器中作为变量引用，如图 6-12 所示。

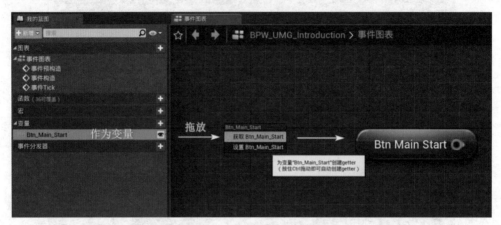

图 6-12　控件是否为变量属性

2. 插槽

插槽（Slot）是将各个控件绑定在一起的隐形黏合剂。更明确地说，在 UMG 设计器中，首先必须创建一个插槽，然后才能选择在这个插槽中放置哪些控件。当向面板控件添加子控件时，面板控件会自动使用父控件的插槽。

1）访问插槽

所有与插槽相关的属性都位于细节面板中的布局类别下，并且控件所用的插槽类型会显示在括号中，如图 6-13 所示。

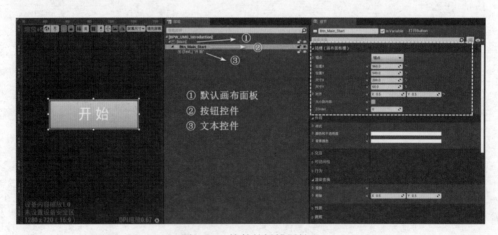

① 默认画布面板
② 按钮控件
③ 文本控件

图 6-13　控件的插槽属性 1

此外，每个插槽都各不相同。如图 6-13 所示，若希望能够设置诸如"行"和"列"之类的设置，那放置在①默认画布面板上的②按钮控件则没有这些属性，但放置在②按钮控件上的③文本控件则有这些属性，如图 6-14 所示。

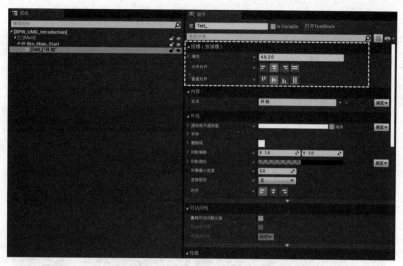

图 6-14　控件的插槽属性 2

　　2）锚

　　锚用来定义 UI 控件在画布面板上的预期位置，使用锚点可以在不同的宽高比画布下将 UI 控件保持显示在固定位置。锚的位置以平面坐标最小值（0,0）和最大值（0,0）定位在画布左上角，如图 6-15 所示，以平面坐标最小值（1,1）和最大值（1,1）定位在画布右下角。

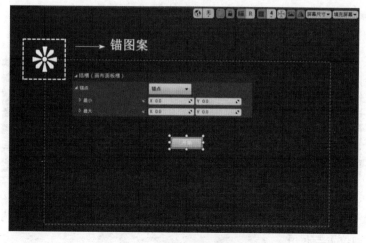

图 6-15　控件的锚点位置

3）预设锚

画布面板中放有控件时，可以从细节面板插槽属性下锚点的下拉菜单选项中，选择一个预设锚来固定控件的位置，如图 6-16 所示。

图 6-16　控件的预设锚

这些预设是控件设置锚点最常用的方法，并且能够满足大多数需求。选择后，将会使锚图案移动到该位置。UMG 中通过锚点与校准点来进行适配，可以总结成以下三种。

（1）九点适配（即在图中框选出来 9 个位置，分别是左上、上中、右下、左、中、右、左下、下中、右下），如图 6-17 所示。可以设置锚点的 XY 位置和控件的 XY 尺寸。

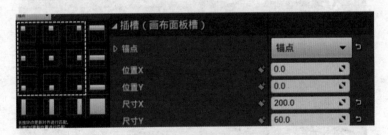

图 6-17　预设锚的类型 1

（2）单轴（水平或垂直）拉伸适配，如图 6-18 所示。可以设置单轴两端的偏移距离和控件的另一轴位置与尺寸。

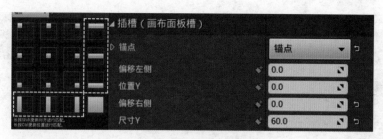

图 6-18　预设锚的类型 2

（3）双向拉伸适配，如图 6-19 所示。可以设置与父控件四个边缘的偏移距离。

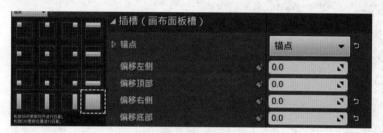

图 6-19　预设锚的类型 3

举例来说，如果想使某控件始终保持在屏幕中央，可以按住 Ctrl 键单击锚预设中的"中点"适配选项，将控件放置在画布面板的中央。这样设置完锚点后，尺寸为 500×500 的图像控件则被固定在画面的中央。观察画布左下角，当前画布使用的尺寸为 1920×1080，如图 6-20 所示。

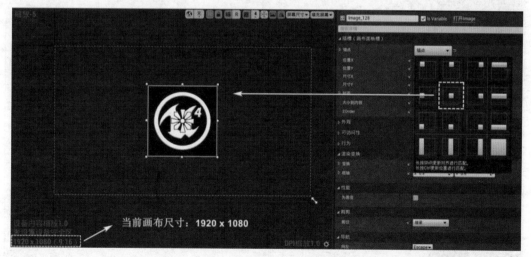

图 6-20　锚点中心适配

接着使用鼠标拉动画布右下角的快捷缩放屏幕尺寸按钮，更改画布尺寸为 720×1280，观察图像控件自动根据屏幕尺寸的变化而进行自适应适配，仍然固定在屏幕中央，如图 6-21 所示。对比将锚点设置在左上角的控件显示效果，如图 6-22 所示。

图 6-21　控件自动适配

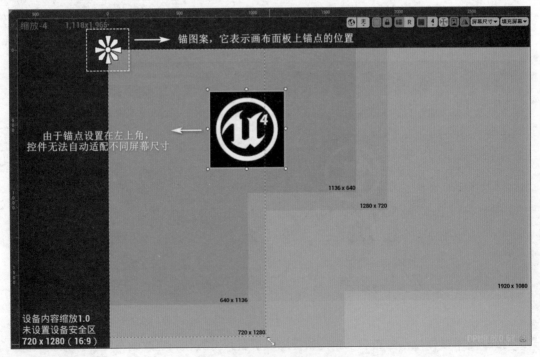

图 6-22　控件无自动适配

除了使用预设，也可以手动任意放置锚图案来固定控件，如图 6-23 所示。

图 6-23　手动设置锚点

3. 外观

在外观（Appearance）属性下，大部分控件都使用"样式"选项，但它们各自的样式选项可能有所不同。如图 6-24 所示为图像控件的样式。

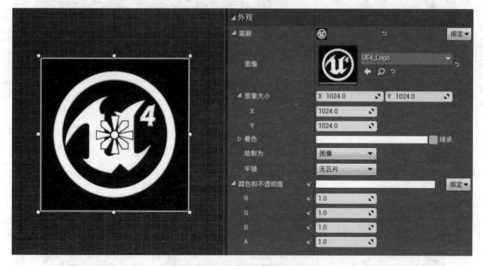

图 6-24　图像控件样式属性

1）状态

通常情况下，尤其对于交互式控件而言，可能希望根据各个控件交互方式或所处条件的不同，需要它们具备不同的外观。例如，屏幕上有一个正常显示的按钮，当将鼠标悬停在此按钮上方时，按钮的颜色会发生变化，而单击按钮时又会执行完全不同的操作。通常将这种现象称为"状态"，这是一种最常见的设定样式的形式，用于根据控件当前所处的状态来指定控件的显示方式，如图 6-25 所示。

图 6-25　按钮控件样式属性

图 6-25 中，按钮控件会根据普通、已按压、已悬停或已禁用的不同状态而发生变化，如图 6-26 所示。大部分控件都将使用普通、已按压、已悬停或已禁用状态，但根据使用不同的控件类型，可能有更多选项可用。

图 6-26　按钮控件状态测试

2）设置图像

对于每种状态，开发者都可以为控件设置要使用的图像（纹理或材质资产）。"图像大小"选项是图像资源的大小，"着色"可以对目前状态下的资源进行染色，默认白色为不染色状态，如图 6-27 所示。

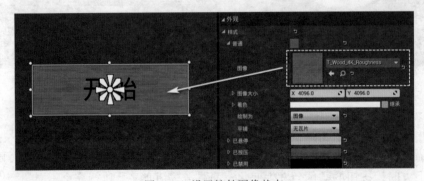

图 6-27　设置控件图像状态

"绘制为"选项使用 9 个缩放框，用于指定以"盒体""边界"或"图像"的形式绘制控件。每种形式的示例如图 6-28 所示。

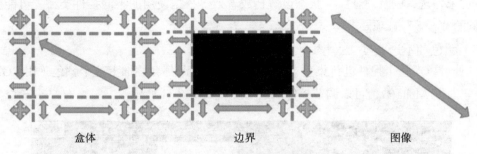

图 6-28 控件图像绘制形式

- 盒体：绘制一个 3 × 3 的框，其中根据边距（虚线）来确定侧面和中间区域的拉伸（双向箭头所指）。
- 边界：绘制一个 3 × 3 的边框，其中根据边距（虚线）来确定侧面的图块（双向箭头所指）。
- 图像：将绘制图像并进行拉伸（双向箭头所指），并且会忽略边距。

3）填充

填充选项是指围绕控件创建的边框。例如，在针对方框按钮的上述内容中，"普通填充"负责绘制按钮背景图像中的边框。应用它时，按钮内容将与按钮的边框齐平显示。"按压填充"与正常填充相同，但它表示的是按下按钮时所应用的填充方式，如图 6-29 所示。根据使用的不同控件类型，可能会提供不同的"填充"选项。

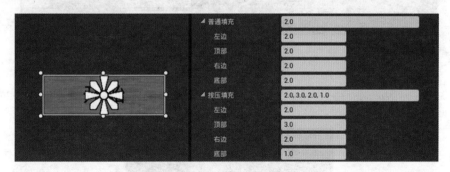

图 6-29 按钮控件默认填充样式

4）音效

根据控件所处的状态为控件设置音效，如图 6-30 所示。

图 6-30 勾选框控件音效样式

允许应用音效的大部分控件都使用光标悬停或按压，即光标悬停在控件上方时或单击控件时会播放指定的音效。在针对勾选框控件的图 6-30 中，存在相关选项，可以为"已勾选""未勾选"以及"悬停"状态设置播放音效。根据使用的不同控件类型，可能会提供不同的"音效"选项。

5）颜色和不透明度

此处可以对整个控件进行染色，即所有状态的资源都会叠加上这个颜色（用 RGB 值表示）。通过 Alpha 数值可以调节控件的透明度，如图 6-31 所示。

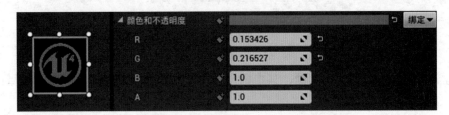

图 6-31　控件颜色和不透明度属性

4. 行为

控件的行为（Behavior）属性主要控制控件的"可见性""是否启用"和"渲染不透明度"，如图 6-32 所示。

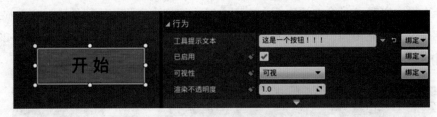

图 6-32　控件的行为属性

1）工具提示文本

光标悬停在控件的时候可以显示出提示的文字内容，如图 6-33 所示。

图 6-33　控件的光标悬停提示

2）已启用

此属性提供一个勾选框，设置控件能否被用户交互修改。此选项默认启用，控件允许被交互，取消勾选，则控件被禁用，如图 6-34 所示。

图 6-34　控件是否启用属性

3）可视性

可视性（Visibility）主要控制控件在游戏运行时的显示效果，修改此处不影响 UI 制作时画布面板中控件的显示与隐藏。可视性有如下选项。

- 可视：控件可见并且能接收交互，默认值。
- 已折叠：控件不可见且不占用布局中的空间，无法接收交互。
- 隐藏：控件不可见但占用布局中的空间，无法接收交互。
- 非命中测试（自身和子项）：控件可见但无法接收交互，并且所有的子项（如有）也无法接收交互。
- 非命中测试（仅自身）：控件可见但无法接收交互，并不影响其子项（如有）接收交互。

> **小提示**
>
> 　　由于"可视"状态可以接收交互，因此 UMG 在接收到交互事件的时候会遍历目前所有"可视"状态的控件。所以，需要将可见但不可交互的控件的"可视"属性设为"非命中测试"会提高计算速度。在实际项目中，因为有许多控件的默认状态就是"可视"，例如图像控件，所以在确认控件不接收交互事件时应设为"非命中测试"，这样可以减少不必要的性能开销。

5. 渲染变换

在控件细节面板的"渲染变换"属性下，提供有更多样式设置选项，它们可用于修改控件的外观，如图 6-35 所示。

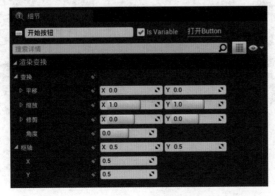

图 6-35　控件的渲染变换属性

利用渲染变换设置，可以"平移""缩放""修剪"或"旋转"控件，还可以调整它的"枢轴"点，如图6-36所示。

每个渲染变换属性都可以被设为"关键帧"，这能通过动画功能来修改它们，同时也可以通过蓝图来修改，因此用户可以在游戏运行时根据设定完成的操作来对控件进行修改。

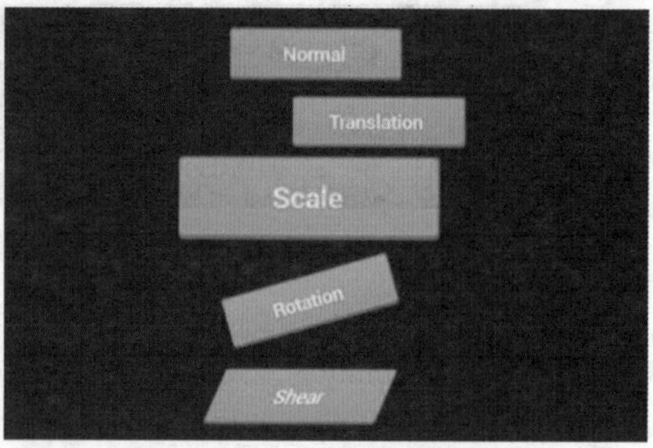

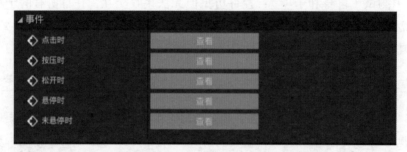

图6-36　渲染变换示例

6. 事件

事件（Events）属性是UMG用于处理控件接收交互时绑定事件的方式，单击之后会进入控件蓝图的图表编辑器（蓝图系统），如图6-37和图6-38所示。

图 6-37　控件的事件属性

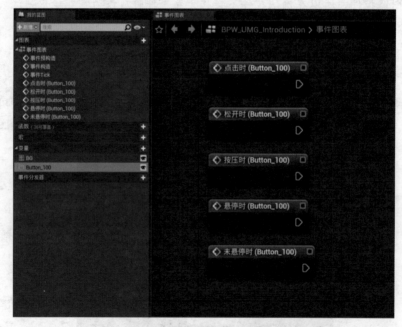

图 6-38　控件绑定事件

有一些控件通过调整"交互"属性来协助事件的调用。对于上述内容中，除了控件的"单击时"事件，也可以通过设置"单击方法""触控方法"和"按压方法"来指定单击事件的处理方式，如图 6-39 所示。还可以通过"可聚焦"选项指定控件是否仅可以使用鼠标单击，不可用键盘选择。

图 6-39　控件的交互处理方式

6.1.6　控件动画模块

控件蓝图编辑器的底部有两个窗口，可用来制作 UI 的动画。一是"添加动画"窗口，是用来创建驱动控件动画的基础动画轨。二是"时间轴"窗口，用于在指定的时间上放置"关键帧"，并定义附加的控件在该关键帧如何显示（可以是尺寸、形状、位置甚至颜色选项）。如图 6-40 所示。

控制动画
模块

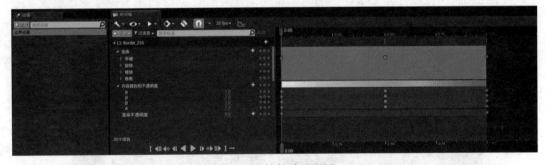

图 6-40　控件动画面板

6.1.7　显示UI

游戏中，需将部分信息通过游戏 UI 传递给玩家，其中包括"主菜单""设置菜单"等界面，或"生命值""经验值"等 HUD 元素，以及物品栏物品或在指定情景中指导玩家操作的帮助文本。在使用 UMG 设计完 UI 的视觉布局后，需要用蓝图编写一定的逻辑将其显示在用户的屏幕上。

1. 制作 UI 视觉布局

使用 6.1.3 小节中创建好的控件蓝图，并向其添加控件以设计 UI 的视觉布局，制作过程如下。

步骤 1：在内容浏览器中，双击打开控件蓝图 BPW_UMG_Introduction。向画布面板中添加一个"图像"控件和"文本"控件，如图 6-41 所示。

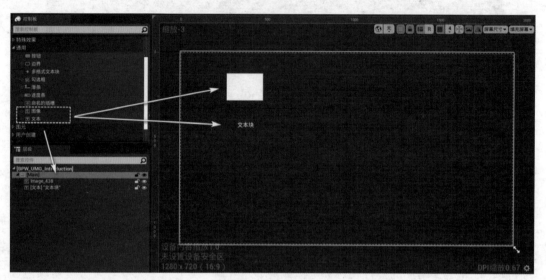

图 6-41　添加控件

步骤 2：将图像控件和文本控件的内容布局设置成如图 6-42 所示。控件属性设置参考如图 6-43 所示。

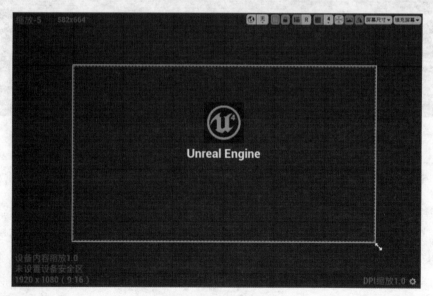

图 6-42　设计控件视觉布局

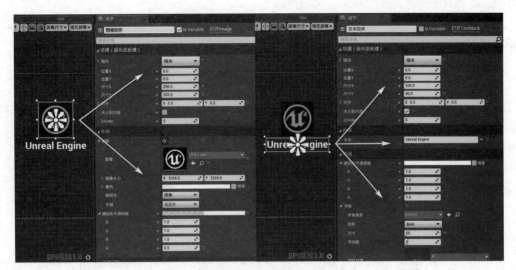

图 6-43　设置控件属性

2. 向关卡添加 UI

使用"蓝图第一人称模板"作为项目资源，在其"关卡蓝图（Level Blueprint）"中编写显示 UI 的逻辑，制作过程如下。

步骤 1：添加第一人称模板资源包，打开第一人称示例关卡地图。在主工具栏中，单击"蓝图"→"打开关卡蓝图"，如图 6-44 所示。

图 6-44　打开关卡蓝图

步骤 2：在关卡蓝图的事件图表中右击创建 Create Widget 节点，如图 6 -45 所示。

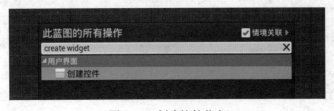

图 6-45　创建控件节点

步骤3：在此节点上，单击选择类（Class）下拉菜单，搜索并指定创建的控件蓝图 BPW_UMG_Introduction，如图6-46所示。

图6-46　指定控件蓝图

步骤4：从Return Value引脚拖出菜单，选择"提升为变量"，并将变量命名为SampleUI，如图6-47所示。

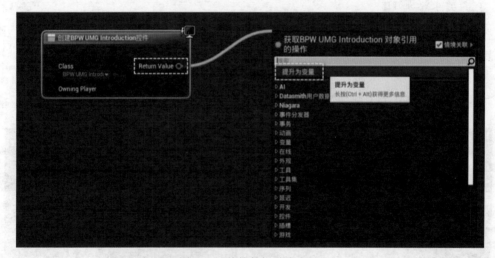

图6-47　将控件提升为变量

步骤5：从变量Set节点上的输出引脚拖出引线，并搜索"添加到视口（Add to Viewport）"节点，如图6-48所示。

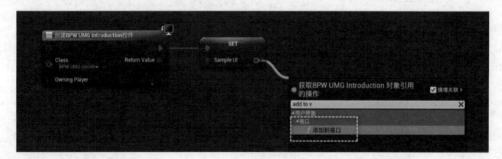

图6-48　连接添加到视口节点

步骤 6：在事件图表中右击，搜索"空格（Space）"键盘事件，并将 Pressed 引脚连接到 Create Widget 节点的输入执行引脚，如图 6-49 所示。

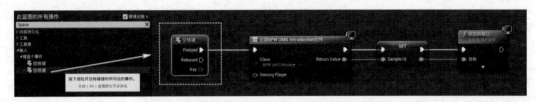

图 6-49 添加"空格"键盘事件

步骤 7：选择编译并保存关卡蓝图。回到主工具栏，单击运行按钮，进入第一人称游戏，按键盘上的空格键，查看 UI 的使用情况。如图 6-50 所示。

图 6-50 在游戏界面显示 UI

至此，使用 UMG 制作了一个简单的 UI，并通过按键将其显示在了游戏的屏幕上。

> **小提示**
>
> 创建控件蓝图时，建议将其提升为变量，以便后续通过蓝图脚本访问控件的数据。

6.2 UMG 实战案例

6.2.1 制作开始菜单

本小节将使用 UMG 设计一个两层级的 UI 界面，这个界面将专门在游戏开始时显示，并提供多个按钮供玩家使用。游戏开始时将显示第一层级，如图 6-51 所示。其中包含"开始""选项""结束"三个按钮，用于控制游戏的进入和退出。单击"选项"按钮进入第二层级，如图 6-52 所示，包含两个"分辨率"设置按钮，用于切换游戏运行时屏幕的分辨率，也可以单击"返回"按钮回到第一层级。

图 6-51 第一层级

图 6-52 第二层级

制作开始
菜单

虽然案例将介绍完成每个步骤所需的操作，但如果在学习本节内容之前没有使用过虚幻引擎 4 编辑器，建议先阅读本书的基础章节内容，以便更好地了解虚幻引擎编辑器的一般用法和专业术语。

6.2.2 制作游戏HUD

本案例在 6.2.1 小节内容基础之上，继续为项目制作进入游戏后显示在屏幕上的 HUD 元素，它们显示"生命值""能量值""弹药数"的数值信息，如图 6-53 所示。

制作游戏
HUD

图 6-53 HUD 元素视觉布局

案例中使用两个"进度条"控件代表生命值和能量值。每次触发相应事件，生命值进度条扣除 0.1（十分之一），能量值进度条扣除 0.25（四分之一）。使用一个"文本"控件代表弹药数值，每次玩家射击扣除 1 点弹药数。当所有数值归 0 时，玩家无法再执行相应操作。如图 6-54 所示。

图 6-54 HUD 元素实机测试效果

接下来将学习用控件属性绑定的方法，来驱动更新这些 HUD 元素的数值。

6.2.3　制作3D控件

传统 UI 由 2D 或 3D 场景上的 2D 空间构成，如"开始菜单""生命值条"或"积分数值"等。但有时需要玩家在 3D 环境中与 UI 进行交互，如"虚拟键盘""虚拟菜单"或"3D 物品栏"（VR 项目尤为普遍）。

3D 的 UI 制作流程与 2D 一致，使用 UMG 制作视觉布局和编写功能逻辑。不同的是需要借助"蓝图"中名为"控件（Widget）"组件将 UI 渲染到世界场景中，接着使用名为"控件交互（Widget Interaction）"的组件来模拟玩家使用鼠标或运动控制器与 UI 进行交互。

制作 3D
控件

本案例制作一个简单的"按钮"控件，通过 Actor 蓝图放置在场景中。然后在角色蓝图中添加"控件交互"组件来模拟交互。通过这种方法可创建如"滑块""勾选框"等任意类型的交互控件，然后在 3D 环境中与其交互。如图 6-55 所示。

图 6-55　与 3D 控件交互

◆ 本章小结 ◆

在设计一款游戏的用户界面的时，首先需要了解这是什么类型的游戏。不同的游戏类型，所需要的界面内容是不同的，表现形式也是不同的，需要根据游戏的玩法来配合设计方便玩家操作的界面。

本章对虚幻引擎 4 的 UMG 系统进行了基础的概述。旨在帮助读者掌握使用 UMG 制作游戏用户界面的工作流程与设计各类 UI 元素视觉布局的方法，以及对控件添加功能逻辑。一些关于 UMG 进阶的知识与复杂 UI 的制作技巧未能讲述，因为它们超出了本书的知识范畴，建议学习完并且掌握了本章的技能后再进阶学习。

另外，使用 UMG 制作 UI 时，建议对内容进行优化，以减少开销，提高性能。

◆ 练 习 题 ◆

1. 制作开始菜单

在本书附带的资源中下载"国家安全教育 VR 展厅"项目文件，结合本章讲述的 UMG 基础知识和课程附带的视频演示资源，为该项目设计一个开始菜单。

2. 制作 HUD 元素

为"国家安全教育 VR 展厅"项目的 PC 模式设计 HUD 元素。

3. 拓展练习

为"国家安全教育 VR 展厅"项目的 VR 模式设计 3D 的 UI。

第7章

粒子系统

导读

虚幻引擎4粒子系统由多个特效工具和编辑器构成,粒子系统和级联粒子系统编辑器都是灵活且强大的。然后,在开始真正动手操作前,有一些重要的概念需要预先了解。本章要介绍这些重要概念,为粒子系统如何工作提供扎实的原理基础,但并不讨论界面使用上的细节,也不对特定粒子效果如何制作进行说明。

职业能力目标

- 熟练使用虚幻引擎4开发三维项目,熟悉项目开发工作流程。
- 熟悉相关 DCC 软件技术(如材质、蓝图、灯光、着色器、力场等)的使用。
- 具有良好的三维建模造型能力,熟悉资产创建建模与贴图绘制的工作流程。
- 具有良好的艺术素养,熟悉美术元素基本分类和应用。
- 具有软件操作和制作流程的能力,在后期特效中能够了解引擎渲染管线、粒子模拟等图形学范畴的知识。

拓展目标

- 理解粒子特效的概念。
- 理解发射器、材质和蓝图的关系。
- 理解 UV 及贴图的概念。
- 理解着色器和渲染之间的关系。
- 理解粒子制作的工作流程。

- 掌握常用的材质元素选择节点。
- 掌握材质节点和运算法则。

7.1 粒子系统概述

1. 粒子特效的模块化做法

级联就是对粒子系统进行模块化的设计。在其他软件的特效功能中，比如 Maya，要创建一个粒子效果需要先定义大部分行为的属性，然后用户再对这些属性进行修改来获得希望中的效果。

而在级联中，一个粒子系统创建后只有很少的最基础的属性，以及一些行为模块。

每个模块代表了粒子行为的一个特定方面，并只对行为的该方面提供属性参数，如颜色、生成的位置、移动行为、缩放行为及其他等。用户可以在需要的时候添加或者删除一个模块，来进一步定义粒子的整体行为。由于这里的结果中只有必要的模块才会被添加进来，因此并没有额外的计算，也没有不需要的属性变量的参与。

模块可以很容易地被添加、删除、复制，甚至在一个粒子系统中从其他发射器实例化过来，一旦用户熟悉了有哪些可用的模块和相关功能后，制作一个复杂的粒子系统也会较为容易。

1）默认模块

有些模块在粒子发射器中默认存在。在一个新的面片发射器（粒子系统的关键组件）被添加到粒子系统中，以下这几个默认模块都会随之创建。

- Required（必需）：主要是对赋予的发射器材质进行修改。生成模块控制粒子数量的生成，也可以控制粒子是否逐渐生成或者是一次性爆发生成。
- Spawn（生成）：这个模块控制粒子从发射器生成的速度。它们是否以破裂生成，以及其他和粒子发生时机有关的属性。
- Lifetime（生命周期）：控制每个粒子的生存时间，若没有这个模块，粒子则会一直持续下去。
- Initial Size（初始大小）：控制粒子的最初的生成尺寸。
- Initial Velocity（初始速度）：控制粒子的发射的方向与速度。
- Color Over Life（生命内颜色）：这个模块是控制粒子在它们生命周期内的颜色变化。

2）模块分类

模块分类如表 7-1 所示。

表 7-1　模块分类

类　　别	描　　述
Acceleration（加速度）	用于处理粒子加速行为的模块，如通过定义阻力等
Attraction（吸引力）	通过不同位置放置引力点来控制粒子移动的模块
Camera（相机）	用于管理如何在摄像机空间来移动粒子的模块，能够处理粒子是靠近还是远离摄像机
Collision（碰撞）	用于管理粒子如何和其他几何体碰撞的模块
Color（颜色）	用于改变粒子的颜色
Event（事件）	用于控制粒子的事件触发，可以用来在游戏中做各种响应
Kill（销毁）	用于处理单个粒子的删除行为
Lifetime（时间）	用于处理粒子存在的时间
Light（光）	用于管理粒子的光照特性
Location（位置）	定义了相对于发射器位置的粒子生成位置的信息
Material（材料）	定义了粒子上应用的材质信息
Orbit（轨道）	能够定义屏幕空间的行为轨迹，为效果添加额外的运动特性
Orientation（取向）	能够锁定粒子的旋转轴
Parameter（参数）	能够被参数化，可以使用外部系统来对粒子进行控制，比如蓝图和 Matinee
Rotation（旋转）	用于控制粒子的旋转
RotationRate（旋转率）	管理旋转速度的变化
Size（大小）	控制粒子的缩放行为
Spawn（预设）	用来给粒子生成速率添加额外定义，如根据距离的改变来调整粒子的生成
SubUV 模块	能够让粒子使用序列帧动画贴图数据
Velocity（速度）	处理每个粒子的移动速度

3）初始状态与生命周期

在使用粒子模块工作时要了解两个概念：初始状态和生命周期。

初始状态的模块一般用于管理粒子被生成那一刻的各方面属性。生命周期的模块是为了在粒子生命过程中对粒子属性方面进行修改。例如，初始颜色的模块能够为粒子生成那一刻指定颜色属性，而生命周期颜色的属性则是用于在粒子生成后，直到被消亡前的这段过程中逐渐修改颜色的行为。

4）模块时间计算

如果将一个模块属性设置为 Distribution（分布）类型，那么此模块就会在时间过程上发生变化，有些模块使用"相对时间"，而有些模块使用"绝对时间"。

绝对时间基本上就是外部发射器的计时。如果发射器的设置是每个循环 2 秒，一个三次循环，那么在这个发射器内的模块的绝对时间将是从 0 到 2，会运行 3 遍。相对时间在 0 到 1 之间，表示每个粒子在生命周期中的时间。

2. 发射器、粒子系统以及发射器的角色

使用级联制作粒子效果时，需要记住每个对象之间的互相作用关系，模块只是粒子特效中的一个组件。总的来说，粒子系统的组件包括模块、发射器、粒子系统，以及发射器角色。通过以下描述来理解这些概念之间的关系。

- 模块：定义粒子的行为，并且被放置在一个发射器中。
- 发射器：展示效果发射特定行为的粒子，任意一个发射器可以被同时放置在一个粒子系统内。
- 粒子系统：内容浏览器中的一个资源，可以被一个发射器 Actor（角色）来引用。
- 发射器 Actor（角色）：一个放置在关卡中的东西，用于定义粒子在场景中如何使用。

3. 粒子的运算

当使用粒子系统时，要充分了解运算的次序。在级联编辑器中，列表区域的每列都代表了一个发射器，一列中的每个块代表一个模块。运算时的次序如下。

- 发射器的运算是根据发射器的列表从左往右的。
- 模块的计算是按照堆栈列表从上到下的。

4. 发射器类型

正如特效本身是各种不同的类型，发射器也有不同的类型来制作各种特效。目前可用的发射器类型如下。

- Sprite Emitters：发射器的基本类型，也是用得最广泛的类型。使用始终朝向摄像机的多边形化的面片（两个多变形组成）作为单个粒子发射。可以用来做烟雾、火焰特效，以及其他各种种类的效果。
- Anim Trail Data：用于创建动画的拖尾效果。
- Beam Data：用于创建光束效果，比如激光、闪电等类似的效果。
- GPU Sprites：这是特殊类型的粒子，在运行时大量计算交给 GPU 执行。这将 CPU 的粒子特效计算从几千的数量级提高到 GPU 计算特效的几十万的数量级，取决于具体的目标系统上 GPU 的类型。
- Mesh Data：不再发射一系列的面片，这个类型的发射器将会发射多边形模型。用于创建岩石块、废墟等类似的效果。

- Ribbon Data：这个会产生一串粒子附属到一个点上，能在一个移动的发射器后形成一个色带。

小提示

无论什么类型，发射器默认都是面片发射器。可以添加不同的数据模块，改变发射器的类型。

---

5. 参数

特效系统中并不是每个部分都可以被预先定义下来。有时候，特效系统中一部分需要在运行时被控制及变化才能做到好的效果。例如，想要做一个飘带效果，该效果会随着风量的晃动而变化，而风量消耗是基于风速行为的。这种情形下，就需要向特效系统中添加参数。

一个参数是指一种能够将数据发送给其他系统，并从其他系统接收数据的属性，其他系统包括蓝图、Matinee、一个材质或者其他来源。在级联中，几乎任何一个给定的属性都能够被设定到一个参数上，也就意味着属性能够从粒子系统外部来控制。

例如，将一个雪花特效的 Spawn Rate 设置成参数，并在游戏中实时地根据玩家情况来增加或减小，就能让玩家控制雪花特效的稀疏密集程度。相反，粒子系统中添加到模块中的参数，也能用来驱动其他系统，如驱动一个在关卡中放置的给定材质的颜色。

在级联中，通常通过分布的方式建立参数，这也是处理一个属性上数据的方式。

6. 粒子的光照

粒子系统可以被设置为接受光照，这需要特别去设置。如需设置光照粒子，材质要使用除未点燃以外的阴影模型（Shading Model）。使用 DefaultLit 能够处理法线贴图、高光等。

在级联的细节层次设置（LODSettings）中，LOD 属性默认模块和发射器都处于非选中状态，每个 LOD 中都有一个标记叫作位块传输（bLit），该标记需要被勾选。这个标记只能在级联中更新。

遵循这些过程将使粒子在游戏中以光照模式显示。粒子从发射器的位置接收光照，因此要移动原始的位置观察一下光照效果，或者在附近放置动态光源。

7.2 级联粒子系统

本节将讲解包含任意数量粒子发射器的资源，在场景世界中创建特效的级联粒子系统。虚幻引擎 4 的粒子系统由级联来编辑，这是一个完全整合并模块化的粒子特效编辑器。级联为编辑特效提供了实时的反馈，能够让即便是非常复杂的特效，制作过程也变得更为快捷容易。

粒子系统和每个粒子上使用的各种材质以及贴图紧密相关。粒子系统的主要功能是控制粒子的行为，而粒子系统最终的整体展现效果则取决于材质。

7.2.1 粒子编辑器

打开级联粒子编辑器时，可以双击任意粒子系统资源，或在内容浏览器中右击粒子系统资源调出快捷菜单。粒子系统是包含了任意数量粒子发射器（Particle Emitters）的完整粒子效果。通过允许系统含有多个发射器，用户可在单个系统中创建细致的粒子效果。创建将使用级联，任一方法均将在级联中打开特定粒子系统以供编辑。级联包含六个主要区域，如图 7-1 和表 7-2 所示。

图 7-1　打开级联粒子编辑器

表 7-2　级联粒子编辑器面板概述

编号	窗口	描述
1	菜单栏	可保存资源以及在内容浏览器中查找当前粒子系统
2	工具栏	可视化和导航工具
3	视口面板	显示当前粒子系统（包括该系统包含的所有发射器）
4	发射器面板	该窗格包含当前粒子系统中的所有发射器列表以及这些发射器中的所有模块列表
5	细节面板	该窗格允许查看和修改当前粒子系统、粒子发射器或粒子模块的属性
6	曲线编辑器	该图表编辑器显示基于相对时间或绝对时间修改的任意属性。在将模块添加到图表编辑器时，会出现一些用来控制显示哪些模块的控件

7.2.2　编辑发射器

粒子发射器是可以放置在粒子系统中的一个单独粒子特效，ParticleEmitter 类包含下列公共变量，如表 7-3 所示。

表 7-3　ParticleEmitter 类包含公共变量一览表

属性		描述
EmitterName		发射器的名称
Emitter Render Mode	ERM_Normal	按所需方式对发射器的粒子进行渲染，如作为 Sprite、网格体等进行渲染
	ERM_Point	将发射器的粒子作为 2×2 的像素块进行渲染，不执行缩放，使用 Emitter Editor Color（发射器编辑颜色）
	ERM_Cross	将发射器的粒子作为交叉线进行渲染，根据任意尺寸的模块进行缩放，使用 Emitter Editor Color（发射器编辑颜色）
	ERM_None	不对发射器的粒子执行渲染
Emitter Editor Color		重叠时和位于曲线编辑器和调试渲染模式中时 ParticleEmitter 段所呈现的颜色
InitialAllocationCount		该值允许用户声明在发射器初始化时应该分配的粒子数量。若该值为 0，则使用计算的峰值数（因为计算值可能比所需数高，该参数可用于进行严格的内存控制）
Medium Detail Spawn Rate Scale		当引擎以中或低细节模式运行时，该值用于降低发射器的生成速度，可在分屏模式下优化粒子绘制消耗。不在高细节模式中时，0 值可有效禁用发射器。这并不影响每单位产生的粒子（Spawn Per Unit），除非该值为 0
Collapsed		如为 Ture 的，则 ParticleEmitter 在级联的发射器列表中为重叠状态。双击 ParticleEmitter 段可切换该属性

7.2.3　向量场

向量场是一个由影响粒子运动的向量组成的统一网格，是 GPU 粒子最有趣的特性。向量场作为角色（Actor）放置在整体向量场中，可以像任何其他 Actor 一样进行平移、旋转和缩放。它们是动态的，可以在任何时候移动。场也可以放置在级联（局部向量场）中，限制对与其相关联的发射器的影响。当粒子进入向量场的边界时，粒子的运动将受到向量场的影响；当粒子离开边界时，向量场的影响将消失。

默认情况下，向量场会对其中的粒子施力。向量场还有一个"紧密度"参数。此参数控制粒子如何直接跟随场中的向量。当紧密度设置为 1 时，粒子直接从场中读取其速度，从而准确地跟随场。

向量网格默认静态向量场，可以从 Maya 导出并作为体积纹理导入。静态场资源占用内存低，而且还可以用来向粒子添加有趣的运动，特别是通过对场本身的运动设置动画。

另外，二维图像重新构建向量场可以导入一个非常类似于法线贴图的图像，通过挤压或将其围绕体积旋转来重新构建体积纹理的基础上，可以添加一个静态向量场，引入一些噪点和随机性。

1. 整体向量场

整体向量场（Global Vector Field）可作为 Actor 放在关卡中，但是不能仅仅从内容浏览器（Content Browser）中拖出，为了在关卡中建立一个向量场，需要添加一个向量场体积角色（Vector Field Volume Actor），并且需要将适当的向量场资源与之关联。

在类查看器中找到 Vector Field Volume 并将其拖放到关卡中创建一个 Vector Field Volume Actor。然后通过 Actor 属性从 Content Browser 中指定向量场，添加后可以对场进行定位、旋转和缩放，如图 7-2 所示。

图 7-2　向量场体积的角色

任何包含整体向量场模块的 GPU sprite 粒子系统都可以使用此整体向量场。输入新的混合空间资源的名称，如图 7-3 所示。

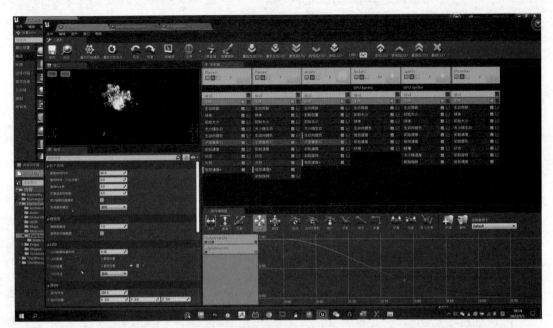

图 7-3　输入新的混合空间资源的名称

在图 7-4 中，只有大约自发光体积的一半长度的粒子与向量场体积交集。

图 7-4　粒子与向量场体积交集

2. 局部的向量场

局部向量场（Local Vector Field）是通过局部向量场模块添加的。与整体向量场相反，局部向量场完全存在于粒子系统中，而未放置在场景中。这意味着，局部向量场只能影响被指定给的粒子发射器的部分，而整体向量场可以影响任何带有整体向量场模块的粒子系统，如图 7-5 所示。

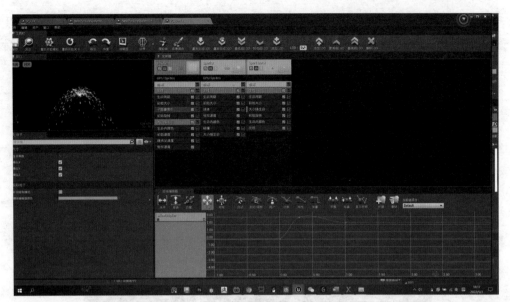

图 7-5　局部向量场

7.2.4　粒子光源

粒子光源是特效设计师工具库中的又一得力武器，可以在制作火花或火焰等魔法特效时使用。粒子光源的性能成本几乎完全取决于其在屏幕上有多少过度绘制。过度绘制相当于光源的数量乘以受影响的像素数量。

设置粒子光源时，一般设置极少的大粒子光源以及大量的小粒子光源。因为粒子光源的成本很容易失控，一定要使用 ProfileGPU 控制台命令进行微调和描画，其中成本显示在光源（Light）下方。

在图 7-6 的左图中，粒子光源用于突出显示偏向略有具化形态的粒子系统，使火花和火焰趋向真实，此外，在任何给定时刻都只存在极少的粒子光源；在图 7-6 的右图中，虽然光源为系统增加了体积和位置感，但使用了更多的粒子光源（粒子光源数≥200）来渲染达到该朦胧效果。

图 7-6　例子光源案例

193

可将光源直接添加到粒子系统，在级联中打开一个粒子系统，右击发射器上任何想要布置光源的位置，在模块列表中用鼠标下移到 Light（光源）→Light（光）。如图 7-7 所示。

图 7-7　将光源添加到粒子系统

设置新光源模块。如图 7-8 所示。

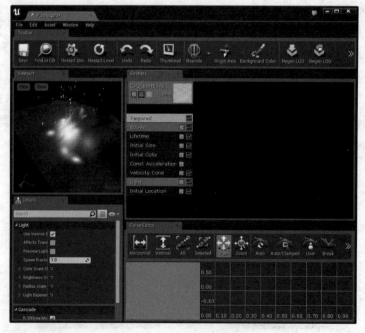

图 7-8　设置新光源模块

7.3 Niagara 视觉效果

7.3.1 Niagara 概述

Niagara 系统是虚幻引擎 4 中创建和调整视觉效果的工具。在 Niagara 之前，在虚幻引擎 4 中创建和编辑视觉效果的主要方法是使用 Cascade（级联）。虽然 Niagara 拥有许多与级联相同的粒子操控方法，但与 Niagara 互动以及使用 Niagara 构建视觉效果的方法却迥然不同。

Niagara 视效系统共有如下四大核心组件。

1. 系统

在 Niagara 系统编辑器中，可修改或覆盖发射器（Emitters）或模块（Modules）内的任何内容，甚至包含多个发射器，并在系统编辑器中的时间轴（Timeline）面板中显示和管理此类发射器。多个发射器结合后可产生一种效果，例如，制作烟花效果多次爆发，需创建多个发射器，并放置在名为烟花的 Niagara 系统中。

2. 发射器

发射器是模块的容器，每个模块都会有一个堆栈，整个发射器的执行是从栈顶到栈底依次进行的。发射器的特别之处在于可使用模块堆栈创建模拟，并在同一发射器中以多种方式进行渲染。若烟花效果配合流光效果一同施放，可创建一个发射器，包含用于火花的 Sprite 渲染器和用于流光的条带渲染器。

3. 模块

Niagara 模块是 Niagara VFX 的基础层级。模块等同于 Cascade 的行为。模块将与一般数据通信、封装行为、其他模块堆栈，一起写入函数。使用高级着色语言（HLSL）编译模块，但可用节点在图表中进行可视化编译。可创建函数，包括输入（或写入）到值或参数图。甚至可使用图表中的 CustomHLSL 节点写入 HLSL 内联代码。

4. 参考和参数类型

参数是 Niagara 模拟中的数据的抽象表现。将参数类型分配到参数，以定义参数代表的数据。共有以下四种参数。

- Primitive（图元）：此类参数定义不同精度和通道宽度的数值数据。
- Enum（枚举）：此类参数定义一组固定的指定值，并取其中一个指定值。
- Struct（结构体）：此类参数定义一组图元和枚举类型的组合。
- Data Interfaces（数据接口）：此类参数定义从外部数据源中提供数据的函数。此可为虚幻引擎 4 其他部分中的数据，或外部应用程序中的数据。

若是用户设置发射器自定义模块，需要单击"+"按钮，并选择 Set new or existing

parameter directly（直接设置新参数或现有参数）选项。在堆栈中出现一个设置参数模块后，单击 Set Parameter（设置参数）模块中的"+"按钮，选择 Add Parameter（添加参数）来设置现有参数，或者选择 Create New Parameter（新建参数）来设置新参数。

7.3.2　事件与事件处理器

当系统中的多个发射器产生交互，才能形成事件，才会对应出现事件处理器。这意味着一个发射器生成一部分数据，然后其他发射器侦听该数据，并执行一些行为来响应该数据。在 Niagara 系统中，此操作使用 Events（事件）和 Event Handlers（事件处理器）来完成。Events 是生成粒子生命周期中发生的特定事件的模块。Event Handlers 是侦听生成事件然后启动某种行为来响应该事件的模块。

1. 事件

1）位置事件

将 Generate Location Event（生成位置事件）模块放到发射器的 Particle Update（粒子更新）组中时，该发射器中生成的每个粒子将在其生命周期内生成位置数据，然后可以设置 Event Handler（事件处理器），接收该位置数据并触发相应行为。就像是为了达到烟花尾迹效果，则可将 Generate Location Event（生成位置事件）模块放到烟花发射器的 Particle Update（粒子更新）组中，而尾迹发射器会使用位置数据生成跟随烟花的粒子。如图 7-9 所示。

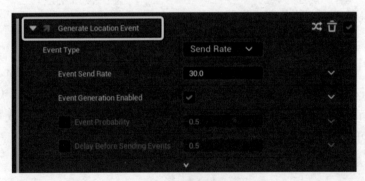

图 7-9　位置事件

2）消亡事件

将 Generate Death Event（生成消亡事件）模块放到发射器的 Particle Update 组中时，该发射器中生成的每个粒子将在其生命周期结束时生成事件。使用这种事件的模式有两种：一种是在一个发射器的粒子消亡时触发另一个发射器的粒子效果；另一种是制造连锁反应，让每个发射器在前一个发射器的粒子消亡时生成各自的效果，根据具体结合位置事件和消亡事件创建多种交互。以烟花为例，在烟花发射粒子生命结束时生成炸裂效果。位置事件可确定粒子的位置，即爆炸发生的位置；消亡事件可确定粒子的生命结束时间，即爆炸效果发生的时间。如图 7-10 所示。

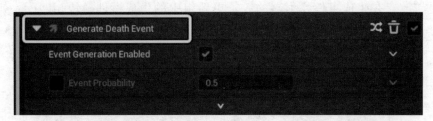

图 7-10　消亡事件

3）碰撞事件

将 Generate Collision Event（生成碰撞事件）模块放入发射器的 Particle Update 组后，粒子与 Actor 碰撞时生成事件。这意味着若在烟花效果中设置粒子与静态或骨骼网格体碰撞时触发爆炸事件，那么作为 Actor 来说这就是一项合格的武器了。如图 7-11 所示。

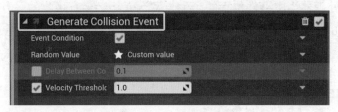

图 7-11　碰撞事件

2. 事件处理器

Event Handler Properties（事件处理器属性）和 Receive Event（接收事件）构成了事件处理器，针对需要发射器予以响应的每个事件，添加 Event Handler Properties 项和 Receive Event 模块。

在 Event Handler Properties 中，使用下拉列表设置事件的 Source（源）。另外，在下拉列表中列出了所有可用的 Generate Event（生成事件）模块，可以选择对应受事件影响的粒子，设置每帧事件发生的次数；或者事件生成粒子，选择设置生成粒子的数量。如图 7-12 所示。

图 7-12　选择生成粒子数量

设置 Event Handler（事件处理器）属性后需要再选择一个接收事件，这个选中的事件必须与放置在生成事件发射器的粒子更新组中的生成事件模块相匹配。如图 7-13 所示。

图 7-13　设置接收事件

于是在事件处理器当中事件位置的产生与发送就势必会有接收的一方，在发射器中放置 Generate Location Event（生成位置事件），则可为 Event Handler 选择 Receive Location Event（接收位置事件）模块来对应。

7.3.3　Niagara系统发射器

1. Niagara 粒子渲染模型

在 Niagara 中，粒子的 Initial Attribute（初始属性）可以自由的增加和减少，也可以定制模拟算法。粒子属性通过每帧计算并更新，同步绑定（Bind）到渲染模型和材质（Render）上。每一帧粒子的属性都用于渲染成多种模型，同时还可以控制赋予的材质。另外，用户也可以根据所需渲染结果反向推出相关粒子属性计算并实现的方式。

2. 执行状态管理

Niagara 系统和发射器拥有定义其模拟运行方式的独特执行状态。作为系统的一部分，各发射器都拥有独立于所属系统的唯一执行状态，因此可以修改独立于所属系统之外的执行方式。可能的执行状态如下。

- Active（活跃）：系统或发射器模拟生成并允许生成。
- Inactive（非活跃）：系统或发射器模拟生成，但不允许新生成。
- InactiveClear（非活跃清除）：系统或发射器将销毁其拥有的所有粒子，然后切换为非活跃执行状态。
- Complete（完成）：系统或发射器既不模拟也不渲染。

7.4　雪花飘落案例

雪花效果
教程

粒子系统是特效的一个种类。其本质就是一种材质。单纯的材质也可以做成动态的效果，只不过粒子系统能够做出更复杂、精细化的特效。粒子系统的配置与材质不同，材质的配置中，除了制作素材图片以外，大部分是用蓝图进行模块化编程设计，而粒子系统是虚幻引擎 4 里半成型的一个模型，用户只需要手动调节参数，更改颜色、速度、事件逻辑、物体形态等即可实现相关特效，而无需编程，因此做粒子系统更偏向美术设计一些。

本案例将使用粒子系统设计实现一个雪花飘落的特效效果。具体实现步骤如下。

步骤 1：创建一个第三人称视角的工程，这里用的是 4.27.2 版本。如图 7-14 所示。

图 7-14　新建第三人称视角工程

步骤 2：创建材质，将该材质内容放置于命名好的文件夹内。如图 7-15 所示。

步骤 3：打开该材质，在材质属性面板中找到"混合模式"选项，将材质设置成半透明效果。如图 7-16 所示。

步骤 4：给该材质赋予颜色，这里无需更改，直接使用默认白色就即可。如图 7-17 所示。

图 7-15　内容中新建材质

图 7-16　雪花材质调节至半透明

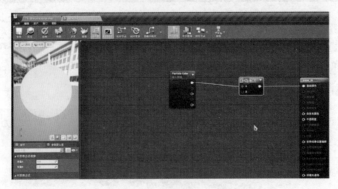

图 7-17　材质默认白色

步骤 5：制作一个简单的形状——圆形，点击应用，然后保存。如图 7-18 所示。

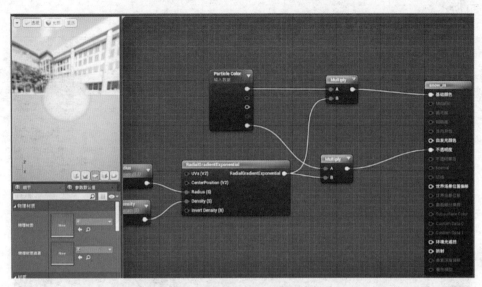

图 7-18　制作圆形

步骤 6：回到内容文件夹创建一个粒子并命名，随后打开粒子系统，将该粒子改为之前设置的雪花材质。如图 7-19 所示。

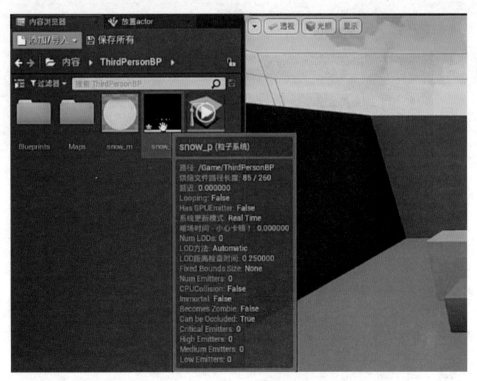

图 7-19　给粒子命名

步骤 7：右击，在"类型数据"弹出菜单中，选择"新建 GPU Sprites"输入数据。如图 7-20 所示。

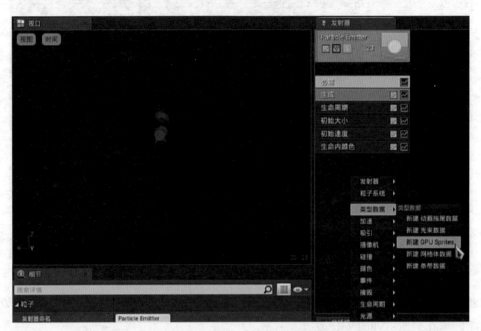

图 7-20　为新 GPU 输入数据

步骤 8：单击生成，将时间改成 5.0min，个数设置为 10。如图 7-21 所示。

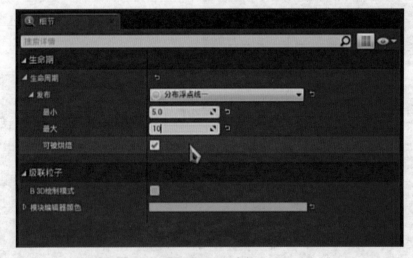

图 7-21　设置参数

步骤 9：将初始速度的方向调整一下。右击，找到初始位置。如图 7-22 所示。

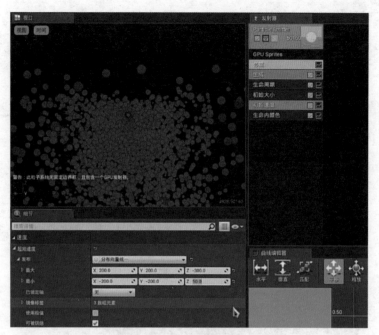

图 7-22 修改初始速度

步骤 10: 右击,找到初始旋转参数设置选框,将最大值设置为 10。如图 7-23 所示。

图 7-23 初始宣传调整参数

步骤 11: 右击弹出面板,选择"旋转"命令下的"旋转速率"选项,选择默认参数值即可。如图 7-24 所示。

图 7-24　旋转速率默认值

步骤 12：右击找到"碰撞"选项，将其设置为"摧毁"，单击"保存"按钮，确认所有参数进行保存后再回到关卡中。如图 7-25 所示。

图 7-25　设置粒子碰撞摧毁

步骤 13：将刚刚设置好的粒子效果拖入场景中，在场景中查看雪花飘落的效果，即完成该案例的操作。如图 7-26 所示。

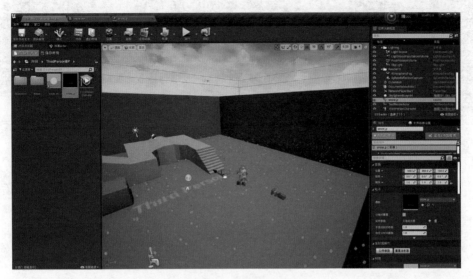

图 7-26　雪花效果图

详细操作过程也可通过扫码查看该雪花飘落案例视频。

◆ 本 章 小 结 ◆

本章主要认识虚幻引擎 4 中的粒子系统，熟悉粒子编辑器的各个功能，掌握在虚幻引擎 4 中运用该系统的方法；掌握粒子特效的基本概念，学习各种效果渲染特性，学习不同特效设置表达式节点的使用方式；能很好地区分粒子编辑器、模块、蓝图三者的关系，并能综合性运用蓝图系统。其中实践任务主要是通过粒子系统来制作一个雪花特效，利用粒子特效的各项控制方式来快速制作不同类型的特效。

◆ 练 习 题 ◆

1. 制作花瓣特效

利用本章学习的雪花特效创建花瓣示例和花瓣雪特效。

2. 拓展作业

结合本章节讲述的粒子基础知识和本书附带的视频资源制作一个雨水特效。

第8章

物理引擎

导读

　　虚幻引擎 4 在游戏中添加物理效果有助于提升场景的沉浸感，因为这能促使玩家相信的确在与模拟内容进行交互，并且能以某种方式得到反馈。为了提升玩家的沉浸感，虚幻引擎 4 默认使用物理运算引擎来驱动其物理模拟计算并执行所有的碰撞计算。物理引擎子系统提供了执行准确的碰撞检测以及模拟世界中对象之间的物理互动的功能。

职业能力目标

- 熟练使用虚幻引擎 4 开发三维项目，熟悉项目开发工作流程。
- 熟悉相关 Unity 3D 游戏引擎中物理引擎的使用。
- 具有良好的蓝图应用能力，熟悉蓝图的工作流程。
- 具有良好的逻辑素养，熟悉交互设计基本原理和应用。
- 具有查证检索和辩证问题能力，在工作中能够查找信息并实际解决问题。

拓展目标

- 理解物理引擎的概念。
- 理解碰撞响应、物理约束组件、阻尼和摩擦力的关系。
- 理解网格体与空间碰撞之间的关系。
- 理解物理引擎引用的工作流程。
- 掌握物理碰撞响应和蓝图节点参数集。
- 掌握在蓝图中动态更改节点。

物理系统概述

本节主要认识虚幻引擎 4 中基于物理的引擎系统，熟悉跟随物理引擎编辑器的各个资源应用功能，掌握如何在虚幻引擎 4 中运用该物理引擎体系的方法。掌握碰撞的基本概念，学习各种材质的物理特性，学习不同事件连接蓝图的使用方式。能很好地区分材质（Material）、碰撞（Collision）、组件（Texture）三者的关系，并能综合性运用物理引擎系统。任务是通过案例来制作一个基础的物理触发效果，利用材质或组件的形式来迭代出不同事件触发特性及反馈，而后根据反馈添加相应的碰撞交互效果。

8.1.1 碰撞体

虚幻引擎 4 的碰撞体分为复杂碰撞和简单碰撞。碰撞体本身的作用就是为了提高碰撞的检测速度，用相对简单的包围盒把原物体包围起来，进行碰撞检测，如图 8-1 所示。

图 8-1　碰撞体包围盒

如果使用复杂碰撞，也就是直接使用场景中物件的顶点以及三角面作为碰撞体的话，在进行碰撞检测时是非常复杂的。因此使用简单碰撞来代替复杂碰撞是非常有必要的。

碰撞检测算法中的图元从原理上可以区分为以下三类。

（1）对齐包围盒（Axis-Aligned Bounding Box，AABB）。

（2）有向包围盒（Oriented Bounding Box，OBB）。

（3）离散有向包围盒（Discrete Oriented Polytope，k-DOP）。

8.1.2 碰撞检测

碰撞检测是游戏逻辑的重要组成部分，包含移动、自动瞄准、逻辑出发等。

游戏中主要用到的碰撞检测（Query Only）分为三种：第一种的 Black 可以阻挡物体从另一个物体内部穿过，而且物理引擎会检测其碰撞事件；第二种的 Overlap 是物体可以从另一个物体穿过，但是物理引擎会检测一些事件，如物体恰好进入物体的时候和物体恰好穿出物体的时候会触发；第三种就是完全忽略，无事情发生。三种检测类型具体如下。

（1）Raycast（零大小的射线检测，即有向线段碰撞检测）。例如：SingleLineTrace。

（2）Sweeps（非零大小的检测，即扫描体积）。例如：SingleSphereTrace、SingleBox Trace。

（3）Overlaps（空间体积相交检测）。

三个检测分类中关于 Sweeps 能够体现虚幻引擎 4 中 Charactor 的移动并不是物理模拟的，也就是说 Charactor 并不会受实际的重力，摩擦力以及其他的一些力影响的，而是在逻辑层中首先对 Charactor 在当前的速度方向上进行一个很短的距离移动，然后通过 Sweeps 对这个 Charactor 与场景以及其他物体进行一个自上而下的碰撞检测，得到碰撞的位置，最后通过一个接口，强行把 Charactor 挪到这个位置去。

若是实现地雷爆炸或者陷阱伤害这类需求效果，就可以使用相交检测。但也要根据实际碰撞情况区分是主动相交检测，还是内置相交检测。

（1）Overlaps 接口为主动测试。

（2）bGenerateOverlapEvent 标记为调用 Sweeps 接口后，虚幻引擎 4 底层代码主动执行 Overlap 接口。

（3）因为每个骨骼都有一个碰撞盒，所以需要尽量避免开启 SkinMesh 碰撞体的 bGenerateOverlapEvent。

假设有一堵墙（WorldStatic 类型）和一个人物 Pawn 类型，如图 8-2 所示。

图 8-2　WorldStatic 类型墙和人物 Pawn 类

　　墙的 Pawn 类型对 WorldStatic 是 Block，如图 8-3 所示。人物的 Pawn 类型对墙的
WorldStatic 也是 Block，如图 8-4 所示。

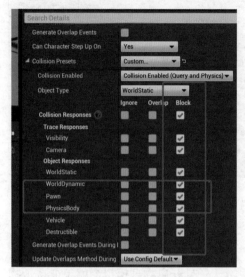

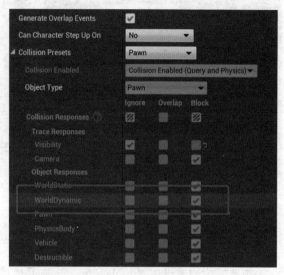

图 8-3　墙的碰撞参数设置　　　　　　　　图 8-4　人的碰撞参数设置

人物无法穿过墙体，如图 8-5 所示。

图 8-5　人物无法穿透墙体

　　如果墙体 WorldStatic 对 Pawn 是 Overlap，如图 8-6 所示。那么人物就可以穿过墙体。
如图 8-7 所示。

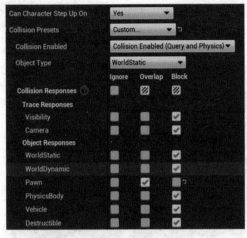

图 8-6　墙的碰撞参数设置　　　　图 8-7　人物可以穿透墙体

8.1.3　物理模拟

物理模拟通过设置 SimulatePhysics 来开启或关闭。一旦开启物理模拟，就象征这个物体的所有运动状态都交由物理世界全权控制，物体会受到相关很多力的影响，如重力、摩擦力、空气阻力等。

在虚幻引擎 4 中，虽然逻辑层不提供直接的接口来控制物理状态，但是可以通过其他的一些接口强行设置一些物理状态（如速度）。需要注意的是，这样强行设置之后，被控制的 Actor 就会有一些意想不到的物理表现。因此如果使用了物理模拟，就是把 Actor 的所有运动状态交给物理引擎去模拟，而且尽量不要人为地去控制，如一些流体的模拟，物体破碎、汽车等载具的模拟。

1. 刚体

刚体（Rigid Body）能产生运动但不会出现形体变化的效果，可以模拟真实物体的运动轨迹。在游戏中常见的带有物理的物体一般有 5 种：胶囊体一类（USphereComponent，UBoxComponent，UCapsuleComponent）、静态网格物体 StaticMesh、骨骼网格物体 SkeletalMesh、Landscape 地形、PhysicsVolume（BrushComponent）。它们本质上产生物理的规则都大同小异。

对于直接创建在场景中的物体，设置物体变成刚体是在 Physics 列项下勾选物理模拟（SimulatePhysics）选项就可以默认物体为刚体，同时在碰撞（Collision）属性下碰撞预设（Collision presets）就会自动变成物理模拟角色（Physics Actor）。物体可以根据所需物理效果来做显示形态的设定，开启使用模拟物理后，物体会加设相关物理现象如撞飞或自由落体等物理效果，效果的真实性与重力存在一定的关系，可以设置物体是否使用重力。如一块石头有重力，就可以在 Physics 列项下打开使用重力（Enable Gravity）开关。如果不使用重力，物体则会处于漂浮状态。如果是操作人物移动，则可以设置人物转向阻力，及上坡下坡在不同的地方设置移动的阻力值。如图 8-8 所示，Linear Damping 表示移动阻力，Angular Damping 表示旋转阻力，Enable Gravity 表示是否使用重力。

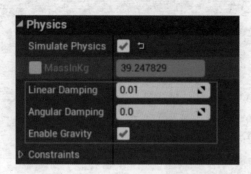

图 8-8　模拟物理选项

2. 设置物理模拟

一般默认情况下角色（Actor）的可移动性（Mobility）是静止（Static）的，如图 8-9 所示。Physics 列项下勾选 Simulate Physics，则 Mobility 会自动变成可移动（Movable）的，也就是说开启模拟物理，可移动性必须是 Movable，如图 8-10 所示。同时要注意，开启了模拟物理，模型必须要添加有碰撞器，否则，就无法开启模拟物理。

图 8-9　角色初始行为变量参数

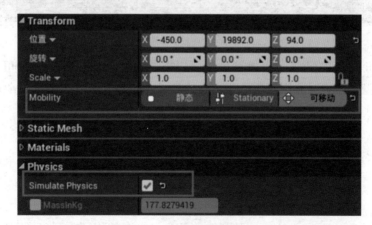

图 8-10　角色启用物理模拟后

如果想使用物理模拟，一定要启用碰撞类型，如图 8-11 所示，否则会出现警告，运行时也不会有物理模拟效果。

图 8-11　墙壁碰撞设置

3. 动态更改碰撞器设置

若是给角色启用了物理模拟并涉及修改碰撞器的相关内容，则可以在蓝图中设置 Mesh 动态更改碰撞器设置。一般分为两种情况：第一种是直接修改，定位 Mesh 直接修改其中的设置；第二种是通过蓝图节点动态更改，如图 8-12 所示。

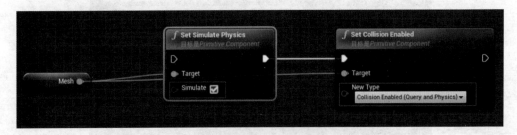

图 8-12　球体碰撞设置

使用 SetSimulatePhysics 节点设置是否启用物理模拟，使用 SetCollisionEanble 设置碰撞器的碰撞类型，该情况适用于角色死亡后的效果（如果不使用死亡动画的情况下，可以使用物理模拟）。

8.2　物 理 约 束

物理约束（Constraint）是通过对刚体的各个自由度的移动限制来实现特殊的模拟效

果。一个普通的刚体运动通过 6 个自由度来控制，分别是 3 个位置方向的位移与 3 个轴方向的旋转。可以分别或者组合地对每个自由度进行控制，如限制对象只能沿着（X,O,Z）平面移动，就可以实现类似摩天轮运动和钟摆的基本效果。

8.2.1　约束概述

若在游戏中，需要对两个对象进行物理约束（如关节），那么多个 Actor 的约束就需要有特定的参照对象。一旦对两个对象进行约束，那么二者就必须有一个统一的约束参照对象，然后根据参照对象的坐标系来进行模拟。通常来说，这个参照对象就是 ConstraintActor 或者 ConstraintComponent。

用一个 ConstraintActor 对两个 Actor 进行约束，限制角色们只能绕 X 轴旋转。不过，这两个 Actor 绕谁的 X 轴旋转？难道是世界坐标系的 X 轴？显然这里应该选择一个合适的可以配置的参考对象，这个对象就是上面的 ConstraintActor，完成配置后 Actor 就会绕着 ConstraintActor 的 X 轴旋转了。

约束也可以看成是一种连接点，利用约束可将两个角色连接起来，并应用限制和力度。虚幻引擎 4 拥有一个数据驱动且灵活度高的约束系统，用户改变系统中的一些选项即可创建出许多不同类型的连接点。设定物理约束 Actor 的配置时，一个物理约束 Actor 能且只能绑定两个 Actor 对象，这两个对象至少有一个要开启物理模拟，如图 8-13 所示。

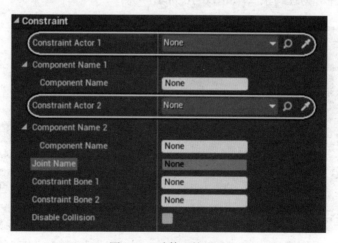

图 8-13　球体碰撞设置

虚幻引擎 4 拥有一些默认关节类型，如球窝式（Ball-and-socket）、铰链式（Hinge）、棱柱式（Prismatic），区别只存在于对 Actor 的 6 个自由度的限制差异。

其中物理约束组件的使用方法和物理约束角色相同，不同之处是在蓝图中使用，可在 C++ 中进行创建。物理约束组件结合了蓝图的灵活和 C++ 的强大，用户可利用物理约束对项目中的任意物理形体设置约束；也可将物理形体限制在一个总体区域内。

8.2.2　创建约束组件

（1）创建用于约束的组件用于展示，此图 8-14 所示中使用两个引用静态网格体 Shape_Cube 的 StaticMesh 组件。

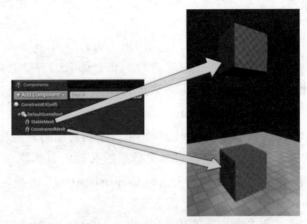

图 8-14　创建用于约束的组件

（2）在需要进行约束的组件中启用物理模拟较低的两个 StaticMesh 组件，如图 8-15 所示。

（3）添加组件"物理约束"，如图 8-16 所示。

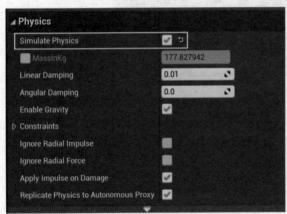
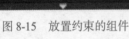

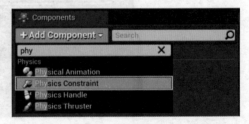

图 8-15　放置约束的组件　　　　　　　　　图 8-16　物理约束方式

（4）将物理约束组件放置在约束连接点上，如图 8-17 所示。

（5）必须在物理约束组件的细节面板中，手动输入需要约束的静态网格体组件的名称，在组件 1（Component Name 1）的名称属性（Component Name）值中输入需要约束的组件名，如图 8-18 所示。

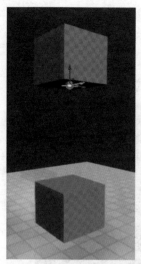

图 8-17 物理约束组件
连接点

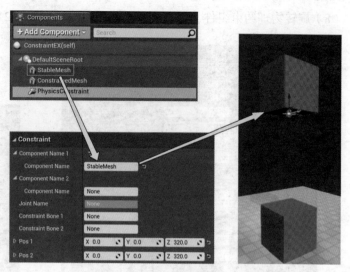

图 8-18 输入需要约束的组件名 1

（6）在组件 2（Component Name 2）的名称属性（Component Name）值中输入需要约束的组件名。如图 8-19 所示。

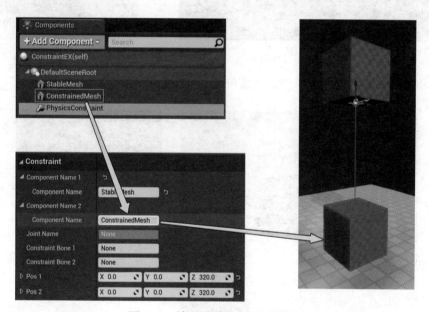

图 8-19 输入需要约束的组件名 2

（7）设置角限制属性，如图 8-20 所示。

① 1 角摇摆运动和 2 角摇摆运动设为有限的。

② Swing 1 极限角和摇摆 2 极限角设为 45°。

③ 单击下拉箭头展，开高级选项。取消 Swing Limits 分类下的 Soft Constraint 选项勾选。

（8）旋转物理约束组件，定义线和角的限定值，如图 8-21 所示。

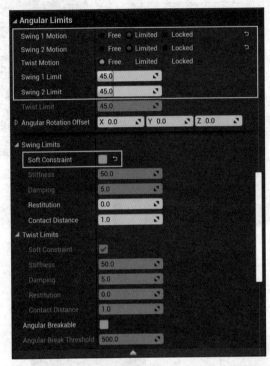

图 8-20　设置角限制属性　　　　　图 8-21　定义线和角的取值

（9）将蓝图角色放置在关卡中的所需位置，如图 8-22 所示。

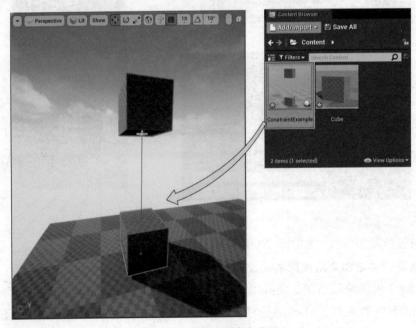

图 8-22　放置蓝图角色位置

（10）使用模拟或编辑在编辑器中进行测试。如图 8-23 所示。

图 8-23 模拟测试

8.3 物 理 材 质

物理材质用于定义当物理对象和世界进行动态交互时所做出的反应，本质是一组参数，不是和渲染相关的材质。物理材质通过虚幻引擎 4 逻辑层传递给 PhysX 来描述物理的一些特质，如摩擦力、弹力、膨胀系数等。

实际应用中，可根据物理材质表面类型的不同，去定制化地表现一些特效、音效以及为物理模拟提供参数。需要注意的是，在虚幻引擎 4 中不存在物理材质为 NULL 的情况，在编辑器里如果对物理材质不赋值，依然有一个默认的物理材质，不存在没有物理材质的情况。

物理材质的创建很简单，选择"编辑器"→ AddNew → Physics → PhysicalMaterial 命令。创建之后基本上就是设置一下摩擦系数和物理表面类型。

1. 物理材质创建

（1）打开内容浏览器。单击"添加 / 导入（Add/Import）"→"物理（Physics）"→"物理材质（Physical Material）"，如图 8-24 所示。

图 8-24　物理材质创建

（2）双击新建的物理材质对其属性进行编辑，如图 8-25 所示。

（3）调整属性，再单击保存，如图 8-26 所示。

图 8-25　物理材质编辑

图 8-26　物理材质属性调整

2. 材质用法实例

（1）打开或创建一个新材质实例，如图 8-27 所示。

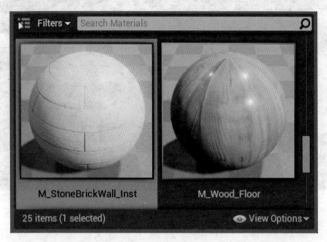

图 8-27　创建新材质实例

（2）变更物理材质，如图 8-28 所示。

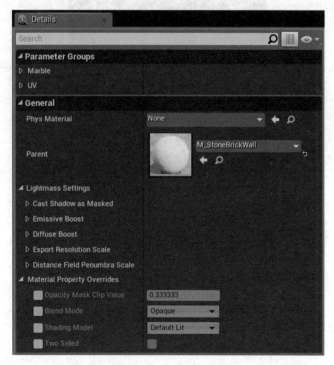

图 8-28　变更物理材质

（3）调整物理资产的物理材质时，最佳方法是将最常用的物理材质指定到物理资产中所有物理形体上。

① 在内容浏览器中双击物理资产，用物理资产编辑器打开物理资产，如图 8-29 所示。

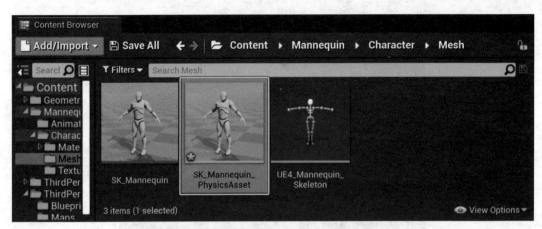

图 8-29　物理资产编辑

② 在物理资产编辑器中，打开物理材质下拉菜单，选择要应用的物理材质，如图 8-30 所示。若特定的物理形体需要不同的物理材质，也可对其进行单独调整。

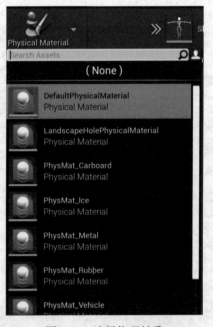

图 8-30　选择物理材质

◆ 本 章 小 结 ◆

虚幻引擎 4 物理引擎系统功能强大，也比较复杂。想让物理模拟的结果真实，就需要对物理引擎的一些基本概念和基本原理有一些了解。本文对物理引擎的一些基础概念和对应的功能细节做一些阐述,希望能够帮助初学者规避一些常见问题。若要进一步学习,则需要补充对应逻辑编码及相关物理力学知识。

◆ 练 习 题 ◆

1. 完成小弹球自由落体运动效果实例的制作

结合本章讲述的物理引擎基础知识,制作一个小弹球自由落体运动效果实例。

2. 制作物体碰撞效果

利用制作完成的小弹球创建其他交互示例,设计与其他刚体物体碰撞。

物理引擎:石头落地

3. 拓展作业

结合本章知识点、交互碰撞实例的特性和本书附带的视频资源制作,制作至少两种交互设计,如开关、射击等。

第9章

骨骼动画

导读

虚幻引擎 4 动画系统由多个动画工具和编辑器构成,其将基于骨骼的变形与基于变形的顶点变形相结合,从而构建出复杂的动画。该系统可以用于播放和混合预先准备好的动画序列,创建自定义特殊动作,让基本玩家的运动显得更加真实,如伸缩台阶和墙壁(使用动画蒙太奇),使用骨骼控制直接控制骨骼变形,或创建基于逻辑的状态机来确定角色在指定情境下应该使用哪个动画。

职业能力目标

- 熟练使用虚幻引擎开发三维项目,熟悉项目开发工作流程。
- 熟悉相关 DCC 软件(如 3ds Max、Maya、Substance、Photoshop 等)的使用。
- 具有良好的三维造型能力,熟悉 UV 的展开与贴图绘制的工作流程。
- 具有良好的艺术素养,熟悉动画基本原理和应用。
- 具有良好的自主学习和沟通能力,在工作中能够灵活寻找信息并解决实际问题。
- 对虚幻引擎有强烈的爱好和兴趣。

拓展目标

- 理解动画的概念、UV 贴图的概念。
- 理解贴图纹理、模型、骨骼的关系。
- 理解网格体与空间碰撞之间的关系。
- 理解动画制作的工作流程。
- 掌握常用的模型选择节点。
- 掌握骨骼动画和模型节点参数集。

9.1　创建角色的混合动画

9.1.1　导入骨骼动画资源

（1）在内容浏览器中右击，选择新建文件夹（New Folder），如图 9-1 所示。

图 9-1　导入资源准备工作

（2）将此新文件夹命名为 Animations，双击打开该文件夹，在计算机上找到本地动画文件。

（3）右击 Animations 文件夹，然后在弹出的窗口中选择"导入到 /Game/Animations..."（Import to /Game/Animations/...）命令开始导入动画，如图 9-2 所示。

图 9-2　导入资源整理归纳

（4）在弹出的对话框中，勾选上"导入动画（Import Animations）"选项，然后单击"导入所有（Import All）"选项导入所有动画。如图9-3所示。

图9-3　导入所有动画

（5）至此，内容浏览器（Content Browser）中的动画（Animations）文件夹中应该有全部动画资源。如图9-4所示。

（6）单击"保存（Save）"按钮，保存已导入的文件。

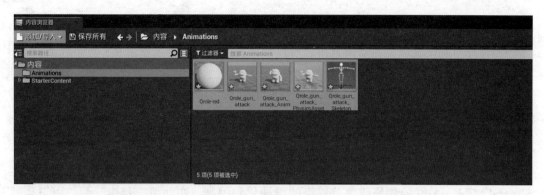

图 9-4 资源导入成功

9.1.2 动画编辑器

在虚幻引擎 4 中创建带动画的角色需要使用几种不同的动画工具（或编辑器），每种工具对应动画的不同方面。例如，骨骼编辑器是所有操作的起点，用于管理驱动骨骼网格体和动画的骨骼（或关节层级）。骨骼网格体编辑器用于修改链接到骨骼的骨骼网格体，是角色的外观。动画编辑器可以创建并修改动画资源，可用于对动画进行微调/调整。动画蓝图编辑器可用于创建逻辑，驱动角色使用的动画、使用时机，以及动画混合的方式。物理资源编辑器可创建和编辑用于骨骼网格体碰撞的物理形体。每个工具都可以通过编辑关联资源或使用每个动画编辑器顶部的导航按钮进行访问。如图 9-5 所示。

图 9-5 通过编辑关联资源工具访问

> **小提示**
>
> 因为此角色还没有创建动画蓝图，所以动画蓝图编辑器暂未在图9-5的导航里。

在后续操作中会创建此角色动画蓝图，此角色动画蓝图编辑器也就会添加到导航中，五种动画工具就能互相进行访问了。

1. 骨骼编辑器

骨骼编辑器是一种用于处理虚幻引擎4中的骨骼资源的工具，可实现对与骨骼网格体（Skeletal Mesh）关联的骨骼或关节层级的可视化和控制。在此编辑器中，用户可以创建骨骼网格体套接字以将项目附加到骨骼网格体（Skeletal Mesh），预览动画曲线并跟踪与骨骼关联的相关动画通知。此外，用户还可设置动画重定位选项并使用重定向管理器管理其重定向源。如图9-6所示。

图9-6　骨骼编辑器

2. 骨骼网格体编辑器

每当在内容浏览器中或从编辑器工具栏（Editor Toolbar）中打开一个骨骼网格体资源时，骨骼网格体编辑器（Skeletal Mesh Editor）都将被打开。此编辑器允许用户通过设置骨骼网格体的材质（Materials），添加布料元素，设置LOD和测试任何应用到网格体的变换目标（Morph Target）来对多边形网格体进行更改。此编辑器包括一些可在其他一些动画工具中找到的窗口，如工具栏/视口（和其他一些默认隐藏的窗口），但大部分网格体工作都将在资源详细信息（Asset Details）和变换目标预览（Morph Target Preview）窗口中完成。如图9-7所示。

图 9-7　骨骼网格体编辑器

3. 动画编辑器

使用动画编辑器能轻松地访问可用于骨骼网格体的各种以动画为中心的资源。在动画编辑器中，用户可以预览动画序列、混合空间、动画蒙太奇等动画资源的播放，编辑动画资源，为材质参数或变形目标添加并编辑曲线，以及定义动画通知（在动画中的特定点发生的事件）。如图 9-8 所示。

图 9-8　动画编辑器

4. 物理编辑器

物理编辑器是一个集成编辑器，是专门用于操纵骨骼网格体的物理资产。物理资产用于定义骨骼网格体使用的物理和碰撞。其中，包含一组刚体和约束，这些构成一个布偶，而布偶并不局限于人形布偶，还可以用于任何使用形体和约束的物理模拟。因为一个骨骼网格体只允许一个物理资产，所以可以将许多骨骼网格体的相关物理资产打开或关闭，如图 9-9 所示。

图 9-9　物理编辑器

9.1.3　创建角色动画蓝图

（1）在内容浏览器中右击"动画（Animations）"文件夹。选择"添加 / 导入内容"命令，在创建高级资产（Create Advanced Asset）分段里，展开"动画"选项并选择"动画蓝图"命令，如图 9-10 所示。

图 9-10　创建角色动画蓝图

（2）选择 AnimInstance 作为父类，并选择 Qrole_Skeleton 作为目标骨骼，如图 9-11 所示。

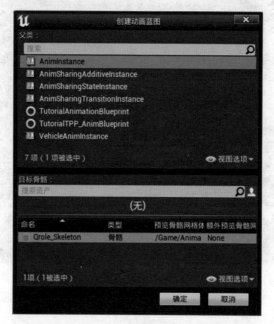

图 9-11　选择 Qrole_Skeleton 作为目标骨骼

（3）将新动画蓝图命名为 Qrole_AnimBP，如图 9-12 所示。

图 9-12　新动画蓝图命名

（4）双击 Qrole_AnimBP，打开即可进入蓝图编辑器（Blueprint Editor），如图 9-13 所示。

小提示

创建完角色动画蓝图，图 9-13 中的动画编辑器顶部的导航按钮会变成五个，即骨骼编辑器、骨骼网格体编辑器、动画编辑器、动画蓝图编辑器和物理编辑器，此时这五个动画工具可相互访问。

图 9-13　进入蓝图编辑器

9.1.4　混合空间

混合空间（Blend Space）是可以在动画图（AnimGraph）中采样的特殊资源，允许根据两个输入的值混合动画。要根据一个输入在两个动画之间实现简单混合，可以使用动画蓝图中提供的一个标准混合节点。混合空间提供的方法是根据多个值（目前仅限于两个）在多个动画之间进行更复杂的混合。

混合空间的目的是避免创建单个硬编码节点来根据特定属性或条件执行混合。通过允许动画师或程序员指定输入、动画以及如何使用输入来混合动画，几乎可以使用通用混合空间执行任一类型的混合。

1. 创建混合空间

（1）在内容浏览器中右击"动画"文件夹，选择"添加 / 导入内容"命令，在创建高级资产分段里，展开"动画"选项、并选择"混合空间"（Blend Space）命令，如图 9-14 所示。

（2）在选取骨骼（Qrole Skeleton）对话框中，选择应作为混合空间目标的骨骼，如图 9-15 所示。

> **小提示**
>
> 项目中的骨骼资源数量不同，用户的资源列表可能有所不同。

图 9-14　创建混合空间

图 9-15　选择混合空间目标的骨骼

（3）输入新的混合空间资源的名称，如图 9-16 所示。

图 9-16　输入新的混合空间资源的名称

小提示

如果动画蓝图与混合空间具有相同的目标骨骼，则该混合空间也可以在该动画蓝图
的动画图（Anim Graph）中使用。

2. 编辑混合空间

（1）双击创建的混合空间资源，进入混合空间资源编辑器，如图9-17所示。

图 9-17　编辑混合空间

（2）从资源细节（Asset Details）的面板定义轴设置（Axis Settings）来设置网格。通常对于多方向运动而言，应该以度为单位将水平坐标定义为移动方向（Direction），最小轴值为 –180.0，最大轴值为 180.0，将另一个垂直坐标定义为移动速度（Speed），最小轴值为 0.0，最大轴值为 270.0。如图9-18所示。

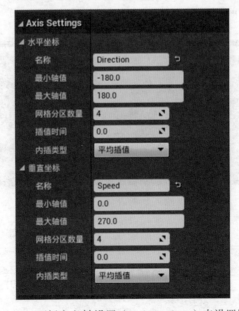

图 9-18　面板定义轴设置（Axis Settings）来设置网格

（3）定义了轴设置后，接下来需要向混合空间编辑器网格添加一些要采样的动画，如图 9-19 所示。将移动动画从资源浏览器（Asset Browser）拖放到网格中方向 / 速度值为 0 的点，否则角色不会移动。

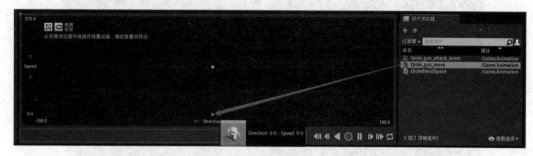

图 9-19　向混合空间编辑器网格添加一些要采样的动画

用户可以在采样点上右击以展开一个滑出菜单，其中包含可对样本调节的选项，如图 9-20 所示。

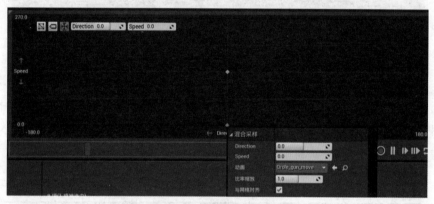

图 9-20　滑出菜单调节选项

（4）用户可以通过使用轴值在以上情况中，为方向（Direction）或速度（Speed）更改样本的位置，更改动画或调节速度比例（Rate Scale）。

小提示

对于位于混合空间网格左上方部分的样本，还可以使用数字输入框来编辑样本值。

除了使用滑出菜单更改轴值属性来移动样本外，还可以将样本拖放到网格上的新位置，如图 9-21 所示。

如果从网格移除样本，选择样本并按 Delete 键。用户还可以在现有样本上拖放新样本来更换样本。

（5）在网格上放置一些样本姿势后，用户可以按住 Shift 键并四处拖动绿色菱形以查看姿势之间的混合效果，如图 9-22 所示。

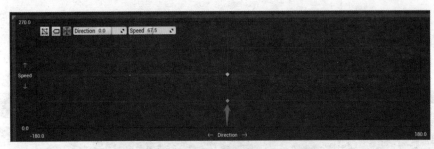

图 9-21　将样本拖放到网格上的新位置

图 9-22　查看姿势之间的混合效果

9.1.5　动画蓝图

动画蓝图是专用蓝图，是控制骨骼网格体的动画。用户可在动画蓝图编辑器中编辑动画蓝图图表，可以在这里执行动画混合，直接控制骨骼的动画，或设置最终将定义每一帧要使用的骨骼网格体的最终动画姿势的逻辑。

（1）动画蓝图编辑器用户界面，如图 9-23 所示。

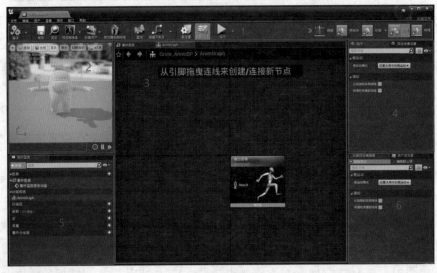

图 9-23　动画蓝图编辑器用户界面

① 工具栏。动画蓝图编辑器中的工具栏允许用户编译蓝图并保存，在内容浏览器中找到动画蓝图资源，以及定义类设置（Class Settings）和类默认值（Class Defaults）设置，与蓝图编辑器工具栏相似。工具栏最右侧的是编辑器工具栏，它使用户能够在虚幻引擎 4 中的不同动画工具间进行切换。

② 视口。视口窗口允许用户预览选定的骨骼网格体上的动画资源的播放，并提供与资源相关的信息。可以更改照明模式，显示或隐藏骨骼，调整动画播放速度，甚至将骨骼网格体设置为在转盘上自动旋转，以便从各个角度查看它。

③ 图表。图表面板包含两个主要的图表类型：包含用于触发骨骼网格体姿势更新的动画事件节点的事件图表和用于计算供骨骼网格体为当前帧实际采用的最终姿势的动画图表。这两个图表配合工作，共同驱动逻辑和角色在游戏进程中采用的姿势。

④ 细节 / 预览场景设置。动画蓝图编辑器中的细节面板与蓝图编辑器中的细节面板相同，用户可以在其中访问和编辑与任何已创建的变量以及已放置在图表中的节点相关的属性。

同样位于此部分的是预览设置选项卡，它允许用户定义要用作预览的动画模式（Animation Mode）或动画（Animation）等视口设置，切换用于预览的骨骼网格体，以及要应用的视口照明和后期处理设置，以便用户可以在应用不同照明的情况下预览设置。

⑤ 我的蓝图。蓝图编辑器中还具有我的蓝图面板，包含图表、函数、变量和动画蓝图中包含的其他相关属性的列表。

⑥ 动画预览编辑器 / 资源浏览器。动画预览编辑器（Anim Preview Editor）允许用户更改将在视口中更新骨骼网格体的变量。用户也可切换到编辑默认值（Edit Defaults）模式并更改变量，然后将它们应用为默认值。资源浏览器（Asset Browser）停靠在单独的选项卡中，它允许用户查看与关联的骨骼资源关联且可由其使用的所有动画资源。

（2）动画蓝图中包含两个主要组件：事件图表和动画图表它们配合工作为每帧创建最终动画。

① 事件图表。基于事件的图表，用于更新动画蓝图和计算动画图表中使用的值。每个动画蓝图都有单独的事件图表，该图表是一个标准图表，它使用一组与动画相关的特殊事件来初始化节点序列。事件图表最常见的用途是更新混合空间和其他混合节点使用的值，以驱动动画图表中的动画。

② 动画图表。动画图表用于评估当前帧的骨骼网格体最终姿势。默认情况下，所有动画蓝图都有动画图表，可在其中放入动画节点以采样动画序列，使用骨骼控制执行动画混合或控制骨骼变形。然后，逐帧将结果姿势应用到骨骼网格体。

在动画图表中，可使用事件图表或其他位置（如代码）中计算出来的值，作为混合空间或其他混合节点的输入。当然，也可直接采样动画序列，而无须特殊混合。利用动画图表还可使用骨骼控制直接修改骨骼位置、旋转和缩放。

9.2 状态机

1. 状态机总览

动画状态机（State Machines）可助用户以更模块化的方式理解动画蓝图。用户可定义角色或骨骼网格体拥有的诸多状态。此外，与流程图相似还可定义角色或骨骼网格体进入和退出每种状态的时机。

状态机的主要构成部分有两种：各种状态的网络和定义状态转入转出的规则。每种状态和每条规则设置都是其自身浓缩的蓝图网络。这易于处理复杂动画混合，无需使用过于复杂的动画图表。

1）状态

从概念上而言，理解状态的最佳方式是将其视为动画图表的一个组成部分。角色和骨骼网格体将定期混入混出此状态。然后即可转入转出图表的该部分。例如，角色动画拥有"移动（Move）"状态，而该状态可能只包含单个动画。

2）转换规则

定义状态后，需要控制骨骼网格体如何从一个状态转换到另一个状态，这需要用到转换规则。转换规则沿连接状态的引线自动创建，可对变量值执行任意数量的检查和测试，目的是输出一个 True/False 值。此布尔输出决定动画是否能通过转换。

2. 创建新状态机

（1）在动画蓝图的动画图表内部右击，并从快捷菜单中选择状态机（State Machines）→新状态机（New State Machine）。如图 9-24 所示。一般而言，最好在创建后立即对状态机命名。

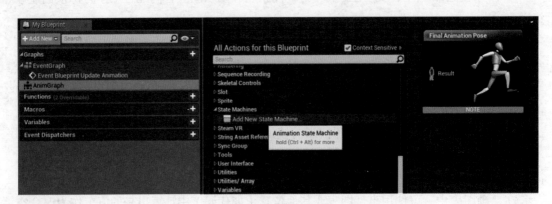

图 9-24　创建新状态机

（2）在我的蓝图窗口中右击新状态机，并在名称字段中输入新名称。如图 9-25 所示。

图 9-25 单击新状态机输入新名称

（3）双击状态机将其打开，以定义其状态和转换。如图 9-26 所示。

图 9-26 定义状态机状态和转换

这样通常会打开一个空的新图表标签页，其中只有一个输入点，这个输入点就是用来启动动画的。

3. 创建状态

创建新状态类似于在蓝图中创建新节点。

（1）右击并从快捷菜单创建一个状态，如图 9-27 所示。

图 9-27 创建一个状态

还可以拖出一根引线，拉到图表的空部分，然后松开鼠标，这样也会调出快捷菜单。如图 9-28 所示。

图 9-28　调出快捷菜单

（2）在图表中右击节点来重命名状态，如图 9-29 所示。

图 9-29　单击节点来重命名状态

4. 创建转换规则

转换规则会沿着连接状态的引线自动创建。从图形上看，转换规则显示为循环方向小图标，如图 9-30 所示。

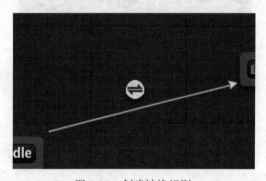

图 9-30　创建转换规则

这意味着，通过拖出引线到图表空位置来创建状态时，将自动针对该引线创建转换规则。此外，可以将引线拖回到原始节点，创建表示转换回到该节点的第二个转换规则，还可以在转换规则上双击以打开新图表，允许用户定义转换的成功或失败条件。如图 9-31 所示。

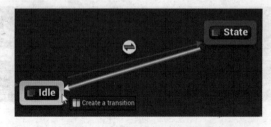

图 9-31　在转换规则上打开新图表

9.3 骨骼动画的交互

9.3.1 动画蒙太奇概述

动画蒙太奇（Animation Montage），简称蒙太奇，它提供了一种直接通过蓝图或 C++代码控制动画资源的途径。用户可以使用动画蒙太奇将多个不同动画序列组合成一个资源，可以将该资源分成若干片段（Sections），选择播放其中的个别片段，或者选择播放所有片段。如图 9-32 所示。

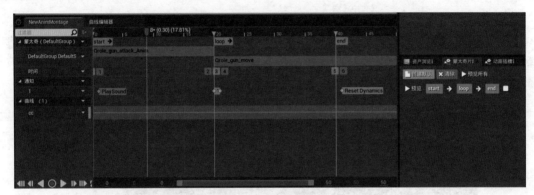

图 9-32　动画蒙太奇

1. 片段

通过创建片段，可将一个插槽分解为多个动画部分。每个片段都有一个名称，并且在槽的时间轴中有自己的位置。可以使用该名称直接跳转到某个特定片段，或将某个片段安排为接在当前片段结束时播放。在蓝图中可以查询当前片段，跳转到某个片段，或设置将要播放的下一个片段。

可以把片段想象成音乐播放列表中的歌曲，而插槽就是音乐专辑。当正在播放某个片段（歌曲）时，可以排队或在当前片段结束后跳转到插槽（专辑）中的另一片段，或者直接跳转到想要立即播放的片段。

2. 插槽

在蒙太奇中，一个插槽（Slot）就是一条轨迹，可容纳任意数量的动画。用户可以任意命名插槽，并使用该名称混合到其中的动画中。如果指定了多个插槽，可单击要在编辑器中预览的插槽的预览按钮进行预览。为了在使用多个插槽时获得最佳效果，请确保所涉及的多个动画的时间长度相同。

3. 时间

时间轨迹从蒙太奇和通知（Notifies）区域提取信息，以帮助设定不同片段的时间。

轨迹中的每个节点都有一个号码，表示该对象在蒙太奇中的触发顺序。

4. 通知

通知可以将事件设置为在动画中的特定点发生。

5. 曲线

曲线可以在动画播放期间更改材质参数或变形目标值的方法，这样便可指定要更改的资源（材质或变形目标），相应地命名曲线，并在动画持续时间内调整关键帧值。

9.3.2 动画蒙太奇的调试

1. 创建动画蒙太奇

（1）在内容浏览器中右击"动画"文件夹，选择"添加 / 导入内容"选项，在创建高级资产分段里，展开"动画"→"动画蒙太奇"（Animation Montage）命令，如图 9-33 所示。

图 9-33　创建动画蒙太奇

（2）选择用于动画蒙太奇的骨骼资源，如图 9-34 所示。

图 9-34　选择用于动画蒙太奇的骨骼资源

（3）为新建的动画蒙太奇输入名称，如图 9-35 所示。

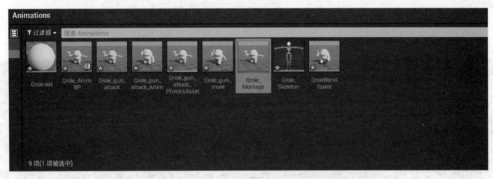

图 9-35　为新建的动画蒙太奇输入名称

2. 编辑 / 调试动画蒙太奇

（1）双击打开新建的动画蒙太奇，进入蒙太奇编辑器，如图 9-36 所示。

图 9-36　编辑 / 调试动画蒙太奇

（2）从资源浏览器窗口，将动画序列拖放到蒙太奇插槽轨迹，如图 9-37 所示。

图 9-37　拖放到蒙太奇插槽轨迹

在插槽轨迹上放置动画后，就会添加该动画。如图 9-38 所示。

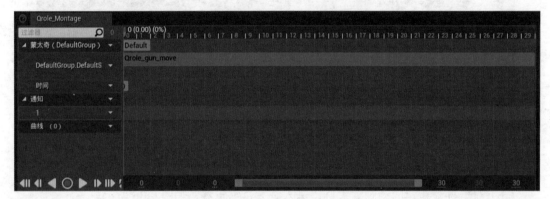

图 9-38　添加该动画

如果要将更多动画添加到蒙太奇，请将其拖动到插槽轨迹，动画将按顺序添加。如图 9-39 所示。

图 9-39　将更多动画添加到蒙太奇

动画会自动在第一和第二个插槽之间切换，以帮助区分每个动画何时开始和停止。还可在插槽轨迹单击并拖放动画来更改它们的顺序。

（3）创建要在蒙太奇区域中使用的片段，右击插槽轨迹或片段轨迹，然后选择新建蒙太奇片段，如图 9-40 所示。

图 9-40　创建要在蒙太奇区域中使用的片段

（4）出现提示时，输入想用的片段名称，如图 9-41 所示。

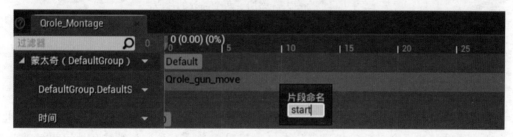

图 9-41　输入片段名称

（5）添加新片段时，会将其添加到片段轨迹以及片段区域，如图 9-42 所示。

图 9-42　添加到片段轨迹以及片段区域

小提示

　　默认情况下，所有动画蒙太奇都包含默认（Default）片段，该片段自动使用时会播放整个蒙太奇。

　　（6）用户可以单击并拖动片段，将该片段移动到所需位置。如图 9-43 所示，将开始（Start）片段移动到蒙太奇的起始点，并移动了默认片段，或者也可以删除此片段。

图 9-43　移动默认片段

（7）为蒙太奇添加了两个额外的片段以便重新加载，并为动画设置了开始（Start）、循环（Loop）和结束（End）。如图 9-44 所示。

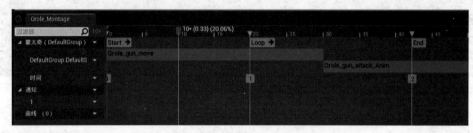

图 9-44　为蒙太奇添加了两个额外的片段

◆ 本 章 小 结 ◆

本章主要从认识虚幻引擎 4 中动画系统，熟悉动画编辑器的各个功能等内容展开，以便读者掌握动画的基本概念，学习各种动画渲染特性、不同动画设置表达式节点的使用方式，从而能很好地区分动画编辑器、状态机、蓝图三者的关系，并能综合性运用动画蓝图系统。实践任务主要是通过案例来制作一个符合项目要求的主动画，利用实例化模型的方式来快速迭代不同类型状态机的链接。

◆ 练 习 题 ◆

1. 完成人物骨骼动画制作

结合本章节讲述的骨骼基础知识和本书演示资源，制作一个能用于项目的主动画。

2. 制作人物行走动作动画

利用制作完成的主人物行走动画示例和本书资源，制作其他人物行为。

3. 拓展作业

结合骨骼实例的特性，为其制作至少两种行为，如蹲下、跳起等。

第10章

虚幻引擎动画序列[①]

导读

　　Sequencer（序列编辑器）是虚幻引擎的多轨迹编辑器，中文翻译为"序列""关卡序列"或者"定序器"。它是虚幻引擎 4 当中非常强大的过场动画工具，用于实时创建和预览过场动画序列。可以使用 Sequencer 引导摄像机在关卡中穿梭飞行，也可以为光源添加动画、移动对象，为角色添加动画、设计、剪辑影片结构，以及渲染输出序列等。

　　而过场动画是游戏或虚拟现实产品的重要组成元素，是不可或缺的产品要素。对于相关公司的生产部门来说，使用 Sequencer 制作过场动画或其他动画，是产品生产当中的一个重要岗位技能，是必须要掌握的。

职业能力目标

- 具有一定的影视剪辑理论基础知识。
- 具有非线性剪辑软件的使用经验。
- 具有使用虚幻引擎的基础知识。

拓展目标

- 掌握房地产售楼 VR 动画项目案例——Sequencer 编辑器相机运用。
- 掌握渲染输出到序列。
- 掌握相关案例所引申的行业延展。
- 掌握推荐的参考案例。

---

① 本章节教程引用了美方云客科技股份有限公司部分案例。

10.1　Sequencer 镜头动画概述

在虚幻引擎中创建过场动画内容时，Sequencer 编辑器是一个很棒的综合工具，也是最主要的、无法忽略的工具，如图 10-1 所示。

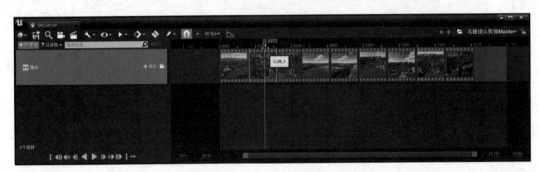

图 10-1　动画序列简介

小提示

Sequencer 编辑器是之前 Matinee 编辑器的功能升级版本，在虚幻引擎 4.26 版之后 Matinee 已经被废弃。

以往的游戏过场动画制作更多依靠非引擎类 CG（Computer Graphics，计算机动画制作）工具，通过预渲染来制作和展现。这种方式制作过场动画的优势是画面效果精细，不受游戏运行硬件性能的限制，但与游戏真正运行后的画面相比差别较大，并且制作耗时费力。随着游戏引擎功能的不断升级与迭代，以及引擎的实时渲染速度上的巨大优势，越来越多过场动画的渲染和非线性剪辑，可以在虚幻引擎中直接使用 Sequencer 完成，画面效果与非引擎类 CG 工具预渲染的差距越来越小，甚至完全替代外部软件所制作的过场动画。

1. 过场动画的基本概念

对于各种游戏类数字产品来说，过场动画一直是个非常重要的组成部分，它能够更直观、炫丽地展示游戏角色以及交代游戏的故事情节，展现游戏各种风格化的画面效果，吸引玩家的注意力，让玩家快速融入游戏的世界设定当中。像《魔兽争霸》的过场动画就与其游戏齐名，让玩家狂热。而像《暗黑破坏神》中的过场动画，影响力甚至超越了游戏本身。

知识加油站

过场动画模块不是游戏所独有的，在引擎制作其他的虚拟现实产品中也会有过场动画或者类似的模块。

2. 非线性剪辑的基本概念

非线性编辑是借助计算机来进行数字化制作，如图 10-2 所示。几乎所有的工作都在计算机里完成，不再需要那么多的外部设备，对素材的调用也是瞬间实现，不用反反复复在磁带上寻找，突破单一的时间顺序编辑限制，可以按各种顺序排列，具有快捷简便、随机的特性。非线性编辑只要上传一次就可以多次地编辑，信号质量始终不会变低，所以节省了设备、人力，提高了效率。非线性编辑需要专用的编辑软件、硬件，在现在绝大多数的电视电影制作机构都采用了非线性编辑系统。

图 10-2　非线性剪辑

Sequencer 可以理解为虚幻引擎当中的非线性编辑工具，Sequencer 拥有与大多数视频编辑软件非常类似的轨道编辑界面，如果使用过 AE、PR 等视频编辑软件，应该能够很快上手 Sequencer 的使用方法。镜头剪辑只是 Sequencer 的一部分功能，但它是虚幻引擎 4 内部独有的镜头剪辑工具，它的剪辑成果是在场景中实时渲染的，可以随时编辑和修改，也可以被引擎程序所调度和控制，在程序运行的适当的时间播放剪辑成果。如果需要，Sequencer 也可以将剪辑成果输出视频，这也是 Sequencer 与一些外部的剪辑软件的重要区别。

1）镜头的基本概念

镜头是组成影片结构的基本单位，也是非线性编辑系统的主要编辑元素，影视中所指的镜头，并非物理含义或者光学意义上的镜头，而是指承载影像、能够构成画面的镜头。

若干个镜头构成一个段落或场面，若干个段落或场面构成一部影片。因此，镜头也是构成视觉语言的基本单位，它是叙事和表意的基础。

2）镜头的运动形式

镜头运动方式是指摄像机镜头调焦方式，摄像机的运动可以分成多种镜头。

（1）推镜头：人物位置不动，镜头从全景或别的景位由远及近向被摄对象推进拍摄，逐渐推成人物近景或特写的镜头。它主要用于描写细节、突出主体、刻画人物、制造悬念等。

（2）拉镜头：人物的位置不动，摄影机逐渐远离拍摄对象，使人产生宽广舒展的感觉。

（3）跟镜头：又称"跟拍"，是摄像机跟随运动者的被摄对象拍摄的画面。跟镜头可连续而详尽地表现角色在行动中的动作和表情，既能突出运动中的主体，又能交代动体的运动方向、速度、体态及其环境的关系，使运动体的运动保持连贯，有利于展示人物在动态中的精神面貌。

（4）摇镜头：摄影机放在固定的位置，遥摄全景或者跟着拍摄对象的移动进行摇摄（跟摇）。它常用于介绍环境或突出人物行动的意义和目的。左右摇一般适用于表现浩大的群众场面或壮阔的自然美景，上下摇则适用于展示高大建筑的雄伟或悬崖峭壁的险峻。

（5）移镜头：摄影机沿水平面做各个方向的移动拍摄，可以把行动着的人物和景位交织在一起，它可以产生强烈的动态感和节奏感。

（6）升降镜头：上升镜头是指摄影机从平摄慢慢升起，形成俯视拍摄，以显示广阔的空间；下降镜头则相反。它们大多用于拍摄大场面的场景，能够改变镜头和画面的空间，有助于加强戏剧效果。

（7）悬空镜头：摄影机在物体上空移动拍摄的镜头。如《斯巴达三百勇士》中战争场面的拍摄，这种镜头的拍摄会产生史诗般恢宏的气势。

（8）俯仰镜头：一般称为鸟瞰镜头，感情色彩上可以表现出阴郁、压抑等情绪；仰视镜头一般称为仰瞻镜头，在感情色彩上往往有舒展、开阔、崇高、景仰的感觉。

（9）主观性镜头：将镜头当成剧中人的眼睛，直接"目击"生活中其他人或事物活动的场景，这种镜头最擅长表现影片角色的内心感受。

（10）客观性镜头：视点不带明显的导演主观色彩，也不采用剧中角色的观点，对于被拍摄对象的展示完全是以一种旁观者的角度，其语言功能在于交代和客观叙述。在一般影片中，大部分镜头都是客观镜头。

（11）空镜头：没有人的镜头。

（12）变焦镜头：摄影机的位置不变，通过焦距的变化，使拍摄对象在不改变摄像机的距离的情况下，快速地被拉远或推近。

3）镜头构图的辅助工具——合成覆层

多个镜头组成了影片，没有了这些镜头，整部影片也将不复存在。正是这些动态的镜头以某种逻辑关系连接起来，形成了影片这种艺术形式，相对于比它更落后的单张照片串联的幻灯片来说有了本质的区别。

如果把影片比作一座建筑，镜头就是组成这栋建筑的砖瓦材料，这些材料的品质，

极大地影响整栋建筑的品质，所以要想完成一个好的影片，必须要认真对待和研究每个
镜头。

　　而每个镜头的好坏有多种因素，构图是要素之一。电影构图主要是指影片画面中物体
的布局与构成方式，涉及很多要素，比如主体、陪体、环境、光线、色彩、线条、顺序、
位置等，这是一门学问，本章受篇幅所限，不做深入讲解。对于初阶镜头构图人员来说，
可以慢慢通过实践与理论结合的方式提高自己，这里不做太高要求，只要求画面构图表现
主体明确，告诉观众当前镜头到底要表现的是什么即可。通常镜头主体多位于画面中心位
置，如何做到这一点呢？这里介绍一下虚幻引擎当中的相应辅助工具——合成覆盖层。如
图 10-3 所示。

图 10-3　镜头构图的辅助工具

（1）开启过场动画视口，如图 10-4 所示。

图 10-4　开启过场视口

（2）开启合成覆层中相应选项，如图 10-5 所示。

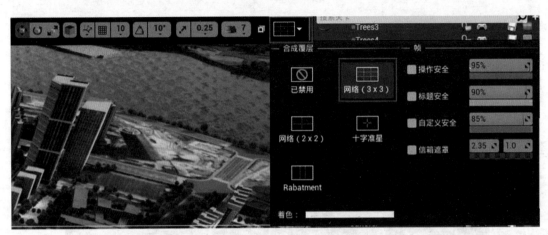

图 10-5　开启合成覆层中选项

开启构图
辅助线

开启这个功能后，可以作为构图辅助，帮助使用者更好地确认拍摄主体对象。这里也提供了几种不同的辅助线选项，用户可以根据喜好来进行选择，无论选择哪种，只要达到主体居中的目标即可。有关开启构图辅助线的流程，读者也可查看本书配套操作流程。

10.2　关卡序列和主序列概念

Sequencer 文件拥有可包含自身的特性。也就是说，可以在关卡序列（Level Sequence）文件中嵌入关卡序列文件。这种自包含特性与 AE（Adobe 公司的视频特效软件）中的 Composition 类似，实际使用中可以把它们看作同一种东西。

当我们通过虚幻引擎编辑器在过场动画创建 Sequencer 文件时，会发现一个创建主序列（Master Sequence）的选项。严格来说，主序列只是名义上存在，只有关卡序列是实际存在的。主序列也是关卡序列（Level Sequence）。我们可以在数个关卡序列中创建特写镜头，然后再在一个关卡序列（这个就是所谓的主序列）中将其拼接组合起来，就像在 AE 中通过 Composition 整理编辑视频那样。所以说，用于组合多个关卡序列的关卡序列在虚构意义上称为主序列。

10.3　书签工具的使用

在创建镜头的时候，经常要反复推敲比较，挑选合适的视角，虚幻引擎中就有满足这种需求工具——书签工具。这里的"书签"是借用名词，指的是视角存储功能，即将挑选的多个视角保存起来，将视图位置和旋转角度，设置为书签的功能，并提供跳转到现有书签的访问功能。

要创建书签，可以按 Ctrl 键加上键盘上方 1~0 的任意数字键。要切换跳转到书签视角，只需按下为该书签选择的数字键即可，最多可以设置 10 个书签，超过可以清除重置。操作如图 10-6 所示。

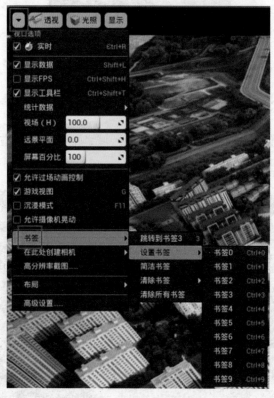

图 10-6　书签工具的使用

书签工具的使用方法非常简单，并不复杂，它就像写文章之前的草稿一样，是后面创建相机之前的草稿。先把大概的适合的视角选好并反复确认后，再由此视角创建摄像机镜头。有关设置书签流程，读者也可查看本书配套操作流程。

设置书签

10.4　摄像机镜头的创建

10.4.1　创建Sequencer

Sequencer 创建方法很简单，单击虚幻引擎"过场动画"工具按钮，再单击"添加关卡序列"命令即可，单击这个命令的同时在场景中会添加一个关卡序列图标，并打开此编辑器面板，如图 10-7 所示。

图 10-7　创建 Sequencer

10.4.2　Sequencer的界面分布

Sequencer 界面十分简洁，上部分是工具栏区域，下部分分左右两侧，左侧是轨道添加区域，右侧是片段编辑区，如图 10-8 所示。

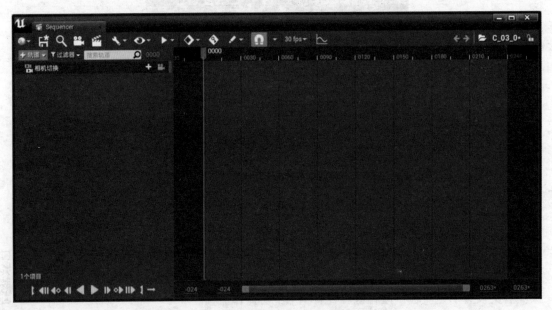

图 10-8　Sequencer 的界面分布

10.4.3　Sequencer的常用快捷键

Sequencer 在使用时也有常用的快捷键，这些快捷键能很好地提高工作效率，如表 10-1 所示。

表 10-1　Sequencer 编辑器的常用快捷键

操　作	快　捷　键
播放	空格键
逐帧回退	←
逐帧前进	→
放大 / 缩小轨道区	Ctrl + 鼠标中键滚轮
在设置的关键帧之间前后移动	, 和 .
在鼠标位置添加关键帧	鼠标中键
将选中的关键帧和分段向左移动一帧	Ctrl + ←
将选中的关键帧和分段向右移动一帧	Ctrl + →
分割当前片段	Ctrl + /
在所选轨道的当前时间位置设置一个关键帧	选中轨道后 Enter
添加一个变换关键帧	选中变换轨道后按 S
展开 / 折叠所选轨道及其子轨道	Shift + O

10.5　房地产售楼 VR 动画项目案例——Sequencer 编辑器相机运用

10.5.1　项目背景介绍

本章通过一个房地产售楼 VR 虚拟现实作品作为范例，来讲解全部的 Sequencer 的使用流程。这个项目的其他功能和效果已经完成，不在当前章节讲解范围之内。本章主要讲解使用 Sequencer 制作一段相机动画，来展示项目主体建筑和周边环境的视频影片的流程。项目的相关背景资料如图 10-9 所示。

10.5.2　开始工作前的准备工作

1. 了解最终的视频要达到什么样的目标

最终的视频，将放在此 VR 产品的最前面或者输出成影片，也称为开篇动画，主要目

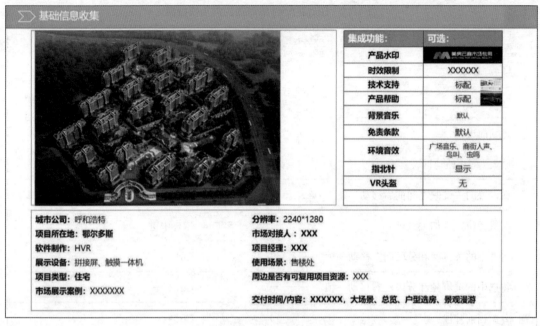

图 10-9　项目背景介绍

标是介绍项目的周边配套、生态环境以及主体建筑的外形、主材质、楼间距、基础设施等，只要达到这个目标就完成了主要任务。

在一个房地产售楼系统的 VR 作品中，开篇动画并不是唯一的展示动画，后面可能还有小区景观漫游动画、室内空间展示动画等，这些动画都有各自的功能和用途，但制作流程基本一致。本章因篇幅所限，主要讲解开篇动画的制作流程，读者掌握之后可以套用流程制作其他动画视频。

2. 详细查看项目脚本相关说明和要求

了解项目的架构和需求，重点查看与当前工作有关的部分，反复推敲、沟通和了解客户的需求点，确保达到或超越客户的预期，这是一个真实项目必须要有的流程，主要是为了让最终的产品更加符合客户的需求，当前项目的主要架构如图 10-10 所示。

3. 设计影片镜头的组成结构和估算镜头数量

根据相关资料来预先设计影片结构和估算大概的镜头数量，是非常有必要的，要谋定而动，不可敷衍和随意随性而来。在明确当前工作任务目标的基础上，让每一个镜头都是为主要目标服务的，不要有多余的镜头，并且最终剪辑时要按照一定的逻辑顺序、空间顺序、叙事顺序来合理地设计影片结构，通常可能按照由远及近、由高到低、由主到次、由虚到实、由整体到局部、由外部到内部等顺序，来全面地、完整地、有条理地展示主体建筑和周边配套设施。

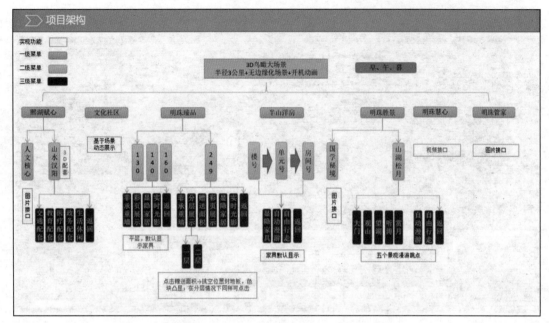

图 10-10　详细查看项目脚本相关说明和要求

可能的话，最好做一些草图，模拟测试和在脑中预演设计的镜头衔接效果，并且可以跟相关的人员一起进行沟通、听取客户建议和修改，为后面的实操做好准备，并避免最终结果偏离预期的目标。

10.5.3　项目案例操作流程

整个开篇动画的制作流程的基本思路是先创建多个的鸟瞰镜头摄像机，再创建一个主序列，设置包含多个对应的关卡序列的相关文件，将摄像机添加到对应的关卡序列，并给每个摄像机制作动画，最后通过主序列对摄像机镜头顺序进行编辑修改，并添加配乐等效果，具体详细操作如下。

1. 打开范例场景

打开本项目案例场景，如图 10-11 所示。

2. 创建剪辑目录，按规范命名

没有规矩不成方圆，为了能方便地查找到相应的文件位置，方便以后的沟通协作，创建条理清晰的文件目录是非常重要的工作规范，有关创建剪辑目录流程读者也可查看本书配套操作流程。

创建剪辑目录

具体操作如下。

步骤 1：找到项目专用目录，单击进入。

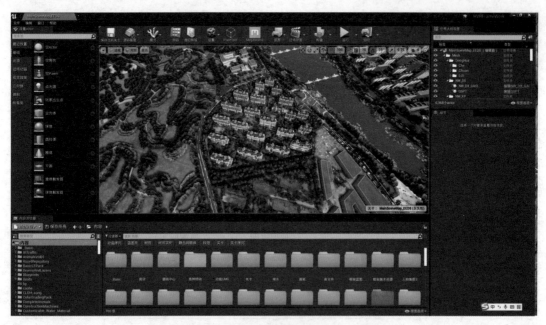

图 10-11　打开范例场景

步骤 2：创建名为"鸟瞰镜头剪辑"的目录，如图 10-12 所示。

图 10-12　创建剪辑目录，按规范命名

3. 找出要通过镜头展示的场景点位

为了能更好地、全方位地展示项目的主体建筑以及周边配套环境，需要挑选出一些放置摄像机镜头的点位，通过这些点位的视角来进行拍摄。哪些位置会取得较好的拍摄展示效果，哪些位置的拍摄效果不佳，是需要提前进行仔细的选择、斟酌、衡量的。这个选择的结果有可能在实际操作时还要修改、舍弃，甚至推翻重来，不是一成不变的，但无论如何要预先做到心中有一个大概的判断和规划。

4. 给每个点位设置书签储存视角

在挑选好的拍摄点位，通过按住鼠标右键，再配合键盘上的 W（前进）、S（后退）、A（向左）、D（向右）、Q（下降）、E（上升）等按键，调整挑选到合适的视角，再将其设置为书签存储即可。十个为一组，如果超出可以等下一步创建相机后再清除书签，继续重复操作即可。

5. 在每个书签位置创建摄像机

书签虽然能存储视角，但它只是一个临时视角存储工具，虽然很方便，但它没有设置动画功能，也不能导入关卡序列进行编辑，所以必须将其转换为具备上述功能的摄像机镜头。

具体操作如下。

步骤 1： 切换到相应的书签视角，单击书签命令下的"跳转到书签 ×"，× 是对应数字编号，也是此功能的快捷键，操作如图 10-13 所示。

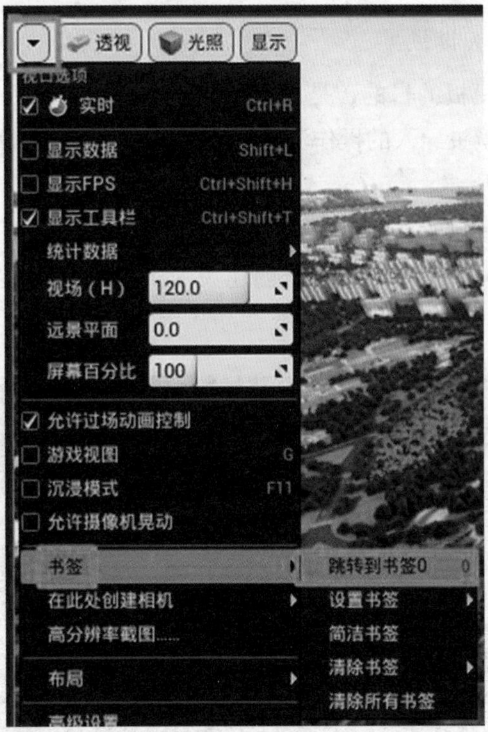

创建摄像机

图 10-13　跳转到书签

步骤 2： 单击书签命令下方的"在此处创建摄像机"命令，选择 CineCameraActor 命令，这是一种电影级别的摄像机镜头。操作如图 10-14 所示。

步骤 3： 创建好相机后，对镜头名字和归类目录进行整理，便于后续操作，后续其他相机创建同此流程，这里不再赘述。操作如图 10-15 所示。

图 10-14　在每个书签位置创建摄像机

图 10-15　对镜头分别进行命令和归类

6. 创建关卡序列镜头模板

创建关卡序列镜头模板的目的，是保持所有镜头的关卡序列有一个简洁统一的架构，也为了简化后续摄像机镜头导入的操作流程。有关创建关卡序列镜头模板的流程，读者也可查看本书配套操作流程。

具体操作如下。

创建关卡序列镜头模板

步骤 1：在鸟瞰镜头剪辑目录，右击创建关卡序列，将其更名为"镜头模板"，操作如图 10-16 所示。

图 10-16　创建关卡序列镜头模板并命名为"镜头模板"

步骤 2：打开 "镜头模板" 关卡序列，通过 "+轨道" 按钮，添加 "相机切换" 轨道，操作如图 10-17 所示。

图 10-17 添加 "相机切换" 轨道

7. 创建主序列

创建主序列可以添加一个规范的剪辑目录，剪辑素材放置条理清晰，并可以加载设定统一的镜头模板，减少重复性操作。这是一个比较规范的引擎内剪辑操作流程，也是推荐给读者的一套操作流程，但不是唯一的操作流程。有关创建主序列的流程，读者也可查看本书配套操作流程。

创建主序列

具体操作如下。

步骤 1：单击 "过场动画" 工具命令，选择 "添加主序列" 命令，如图 10-18 所示。

步骤 2：对主序列进行设置，相关设置关键处按标示处设置，此设置读者也可以根据个人需要自行进行设置，如图 10-19 所示。

图 10-18 添加主序列

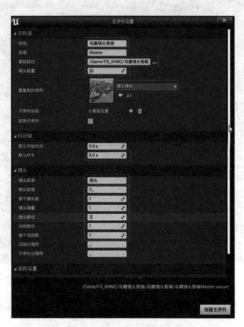

图 10-19 设置主序列

步骤3：设置完毕后会生成相应序列目录，每个目录中会包含相应关卡序列文件，如图 10-20 所示。

图 10-20　生成序列目录

8. 导入摄像机到关卡序列编辑器

这一步需要将之前创建的摄像机添加到生成的对应关卡序列中，只有这样才能给摄像机添加摄像机动画，才能使最终的影片中的每一个镜头都是动态的，否则就变成幻灯片了。

具体操作如下。

步骤1：打开"C_01 文件夹"→"C_01_1 关卡序列"，单击"+相机"按钮，如图 10-21 所示。

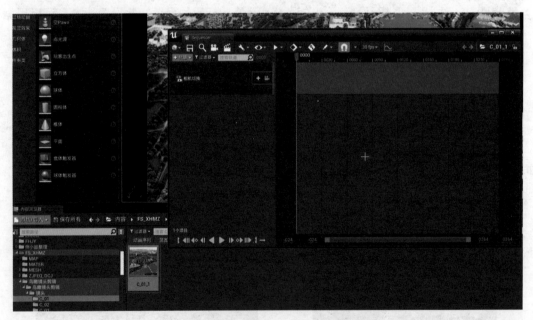

图 10-21　导入摄像机到关卡序列编辑器

步骤2：将要添加的相机名字复制粘贴到搜索框，选中后添加即可，如图 10-22 所示。后续其他摄像机镜头都按上述流程添加。

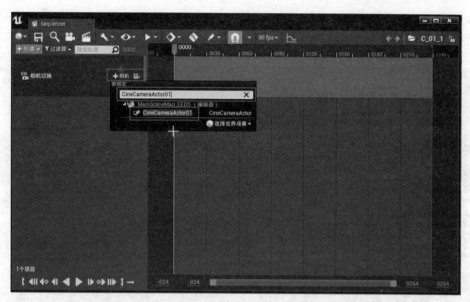

图 10-22　将要添加的相机名称复制粘贴到搜索框

9. 设计制作每个相机的动画

　　每个相机应该怎么运动，前面已经做了大概讲解，这里只需按照预先设计的思路制作即可。即使做的结果不理想，也可在最终效果中进行修改和调整，先要有一个结果才能知道哪里好、哪里不合适。这里我们多数镜头设计为前推镜头，主要作用是带领观众由远及近地了解项目主体和周边环境。有关制作相机动画的流程，读者也可查看本书配套操作流程。

　　具体操作如下。

　　步骤 1：选择第一个相机的轨道，单击上面的"+ 轨道"按钮，单击其中"变换"命令，如图 10-23 所示。

制作相机
动画

图 10-23　设计制作每个相机的动画

步骤 2：单击摄像机轨道上的摄像机图标，将虚幻引擎视图切换为当前编辑摄像机视图，如图 10-24 所示。

图 10-24　将视图切换为编辑摄像机视图

步骤 3：选择 Transform（变换）轨道，在开始时间位置添加第一个关键帧，如图 10-25 所示。

图 10-25　添加关键帧

步骤 4：将时间轴跳到本镜头时间终点，通过键盘和鼠标相应按键，操纵相机前推到合适位置，如图 10-26 所示。

图 10-26 将时间轴跳到时间终点

步骤 5：在时间终点位置添加第二个关键帧，完成动画后可以通过播放按钮查看动画效果，如图 10-27 所示。

图 10-27 添加第二个关键帧

步骤 6：在关键帧上右击，修改关键帧插值模式为线性，去掉效果不好的镜头缓起缓停效果，如图 10-28 所示。

图 10-28　修改关键帧插值模式为线性

小提示

在完成一个镜头的动画以后，反复播放检查效果，确认是否需要重做，后续其他摄像机镜头动画制作都按上述流程添加。

---

10. 主序列剪辑流程

主序列剪辑流程

所有镜头的动画做好后，就可以在主序列中对整个影片进行剪辑了。主要就是对镜头顺序进行编辑，基本思路是通过镜头由远及近地全方位展示项目主体，在满足这个前提的基础上可以做各种尝试。

具体操作如下。

步骤 1：打开"鸟瞰镜头剪辑 Master"主序列文件，会发现在镜头轨道上已经把每个镜头序列按编号排列好了，如图 10-29 所示。

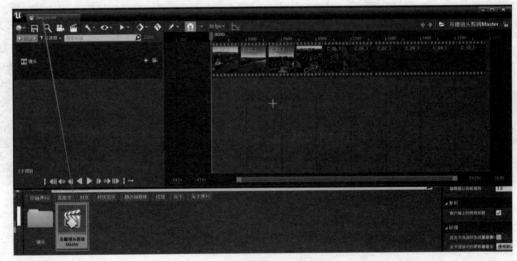

图 10-29　打开"鸟瞰镜头剪辑 Master"主序列文件

步骤 2：单击镜头轨道上的摄像机图标，切换虚幻引擎编辑器视图为当前轨道视频，如图 10-30 所示。

图 10-30　切换虚幻引擎编辑器视图为当前轨道视频

步骤 3：拖动任意镜头到下面轨道，目的是为上面轨道镜头顺序调整留出空间，如图 10-31 所示。

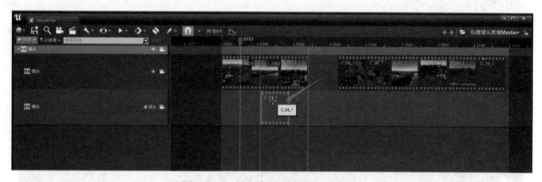

图 10-31　拖动任意镜头到下面轨道

步骤 4：按照自己设计的顺序重新拖动镜头排序，镜头之间不要有空隙，如图 10-32 所示。

步骤 5：反复播放重新排序后视频，检查剪辑后的效果，是否达到预期目标，如图 10-33 所示。

图 10-32　重新拖动镜头排序

图 10-33　检查剪辑后的效果

11. 添加视频淡入淡出效果

通常在一些影片的开篇和结尾处都有黑场淡入和淡出效果，这种效果在关卡序列中也可以添加上。

具体操作如下。

步骤 1：在镜头轨道下面添加渐变轨道，这个轨道可以实现黑场淡入和淡出效果，如图 10-34 所示。

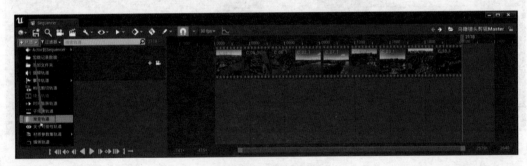

图 10-34　添加渐变轨道

步骤 2：给渐变轨道添加开始关键帧，通过关键帧来控制淡入开始和结束时间，如图 10-35 所示。

步骤 3：给渐变轨道添加结束关键帧，通过关键帧来控制淡出开始和结束时间，如图 10-36 所示。

图 10-35　添加开始关键帧

图 10-36　添加结束关键帧

12. 添加影片配乐

配乐对于影片来说，起着非常重要的作用，对影片的主题有很好的烘托作用，一段适合影片主题的配乐，可以让观众在观赏影片的时候得到很好的体验感受，关卡序列中也可以添加配乐。这里对配乐有两点要求，首先音乐文件格式必须是 WAV 格式，其次配乐风格要适合当前影片主题。

主序列添加
配乐流程

具体操作如下。

步骤 1： 拖曳选好的符合要求的配乐文件到引擎相关目录，如图 10-37 所示。

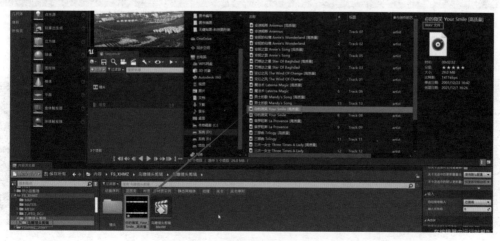

图 10-37　添加配乐文件到引擎目录

步骤 2：拖曳配乐文件到主序列生成音频轨道，如图 10-38 所示。

图 10-38　拖曳配乐文件到主序列

步骤 3：修改配乐文件长度与剪辑影片长度一致，如图 10-39 所示。

图 10-39　修改配乐文件长度

步骤 4：给配乐文件结尾处添加淡出效果，如图 10-40 所示。

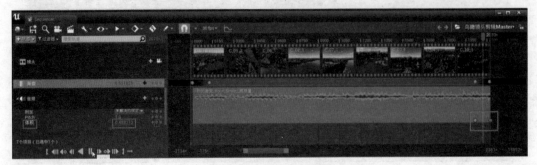

图 10-40　添加淡出效果

10.6　渲染输出到序列

经过剪辑后的影片，可以在引擎打包的程序内播放，也可以将其渲染输出成视频或者图片序列单独播放，只是目前音频配乐的输出因版本问题无法输出，但可以在外部其他剪辑软件中额外添加。

主序列渲染
影片流程

具体操作如下。

步骤 1： 在确认影片的剪辑结果没有问题后，单击"将此影片渲染为视频或图像帧序列"按钮，如图 10-41 所示。

图 10-41　将此影片渲染为视频或图像帧序列

步骤 2： 设置影片渲染为视频或图像帧序列面板上的参数，其中图像输出格式可以根据需求设置为图片序列，分辨率也可设置为较高选项，这样最终影片品质较高。这里展示流程设置为视频，如图 10-42 所示。

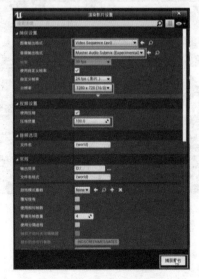

图 10-42　渲染影片设置

步骤3：输出完成后可以反复检查输出结果，直接输出视频的品质会差一些。但这只是演示流程，比较简单，适用流程学习和练习，真正工作推荐输出连续图片序列。

◆ 本 章 小 结 ◆

当下火热的虚幻引擎，凭借其优秀的画面效果，能够制作出令人惊叹的精细过场动画影片，这种能力将更好地奠定其在游戏领域的地位，并将使其逐渐渗透到其他相关的图形图像行业，并慢慢占据主导地位。

虚幻引擎的 GPU 实时渲染功能，是其相对于传统的逐帧 CPU 渲染软件的最大优势，相信会有越来越多的非游戏公司将使用虚幻引擎来渲染。本章内容讲解的技术将会被更多人使用，是很常用且实用的技术，希望读者们多加练习，掌握虚幻引擎相关功能的实用技术。

◆ 练 习 题 ◆

为了让读者有一个能参考和练习的范例场景，同时也拓展虚幻引擎在其他动画短片剪辑上的功能，这里给大家推荐一个虚幻引擎官方的案例场景。这个案例场景对所有人开放，任何人都可以下载到本机进行观摩和学习，是一个学习和研究虚幻引擎序列编辑器的绝好案例，希望读者们能下载到本机学习和练习。

案例下载请访问虚幻引擎官方的虚幻商城，免费资源"Meerkat 演示"，如图 10-43 所示。

图 10-43　免费资源"Meerkat 演示"

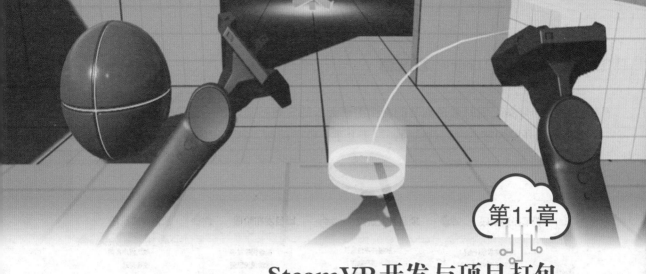

第11章

SteamVR开发与项目打包

📖 **导读**

　　VR 是一种集视、听、触觉于一体化的计算机虚拟生成环境，用户通过佩戴设备进入虚拟世界，以自然的方式与虚拟环境中的物体进行交互。VR 是一种沉浸式的新媒介，也是构建当下比较热门的"元宇宙（Metaverse）"虚拟世界的技术手段之一。虚幻引擎提供了丰富而统一的虚拟现实开发框架，允许用户通过虚幻引擎创建 VR 应用。

💡 **职业能力目标**

- 掌握使用 SteamVR 开发虚拟现实的工作流程。
- 掌握 VR 项目的性能分析和优化。
- 掌握 VR 项目的打包。

💡 **拓展目标**

- 掌握部分程序向的性能优化方法。
- 掌握部分美术向的性能优化方法。

11.1 SteamVR 开发基础

11.1.1 虚拟现实项目开发流程

　　在尝试开发 VR 项目之前，如果具备虚幻引擎的使用经验，那么通常很快就能学会如何制作一个虚拟现实 Demo。但由于 VR 项目具有非常多的"定制特性"，对配套知识的

需要多而复杂，同时多种细节的微调需要大量的实践经验以及项目经验的反复积累，因此
VR 项目开发的特点可以总结为：易于上手，难于精通。其开发的流程一般分为四个阶段，
如图 11-1 所示。

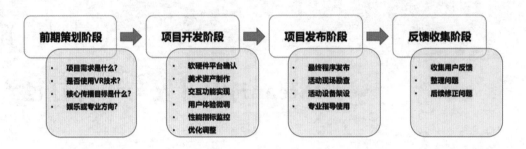

图 11-1　VR 项目的开发流程

11.1.2　使用SteamVR先决条件

2015 年春季，由宏达国际电子（HTC）和维尔福公司（Valve）共同推出了名为 HTC
Vive 的 VR 开发套件，此套件包含了一个头戴式显示器、两个单手持运动控制器、一个能
于空间内同时追踪显示器与控制器的定位系统，如图 11-2 所示。

图 11-2　HTC Vive 虚拟现实硬件设备

SteamVR 是一个功能完整的 360° 房型空间虚拟现实体验平台。由于有 Valve 公司的
提供的技术支持，因此在 SteamVR 平台上已经可以体验利用 Vive 功能的虚拟现实游戏。
这款 VR 设备的设计利用"房间规模"的技术，通过传感器把一个房间变成三维空间，在
虚拟世界中允许用户自然地导航，能四处走动，并使用运动控制器来生动地操纵物体的能
力，有精密的互动、交流和沉浸式环境的体验。

1. 系统要求

由于运行 VR 项目对计算机性能要求很高，所以开发 VR 项目时，计算机必须满足以
下系统要求，如表 11-1 所示。

表 11-1　使用 SteamVR 建议系统要求

硬件	要求
处理器	Inter Core i5-4590/AMD FX 8350 或更高
显卡	NVIDIA GeForce GTX 1060/AMD Radeon RX 480 或更高
内存	4GB 或更多
视频输出	HDMI 1.4、DisplayPort 1.2 或更高版本
USB 接口	至少 1 个 USB 2.0 或更高版本
操作系统	Windows 7 SP1、Windows 8.1 或更高版本、Windows 10

2. 认识设备

以下是 HTC Vive VR 开发套件中的三个重要设备，如表 11-2 所示。

表 11-2　HTC Vive 开发设备

设备	名称	说明
	Head-Mounted-Display	头戴式显示器（HMD），俗称 VR 头盔
	Motion Controller	运动控制器，俗称 VR 手柄
	Lighthouse Base Station	基站，发射激光以实现头盔和手柄追踪，俗称定位器

3. 安装 SteamVR

无论使用的是何种 VR 设备，开发使用 SteamVR 的虚拟现实项目都需要下载并安装 Steam 平台，才能访问 SteamVR。以下内容将说明下载安装 SteamVR 的方法。

步骤 1：首先需要从 Steam 官方网站下载 Steam 客户端并安装，如图 11-3 所示。

图 11-3　下载 Steam 平台

步骤 2：Steam 安装完成后，前往商店（Store），搜索 SteamVR 下载并安装，如图 11-4 所示。

图 11-4　下载安装 SteamVR 软件

步骤 3：SteamVR 安装完成后，前往库（Library）选项中启动 SteamVR，如图 11-5 所示。同时在屏幕的右下角弹出 SteamVR 工具窗口，如图 11-6 所示。

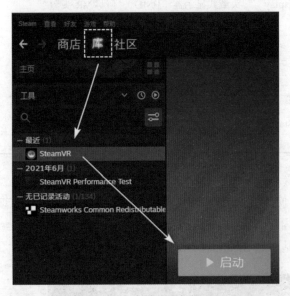

图 11-5　启动 SteamVR

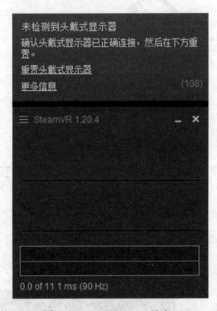

图 11-6　SteamVR 工具窗口

小提示

使用虚幻引擎开发 SteamVR 项目时，必须同时运行 SteamVR 工具。可以最小化 SteamVR 工具窗口，但不要将其关闭。

4. SteamVR 初始设置

启动 SteamVR 后，如图 11-6 所示，工具窗口提示"未检测到头戴式显示器"。这是因为 HTC Vive 设备没有接入到开发项目的计算机。对于每个 SteamVR 开发工具包，Valve 公司都提供了详细的文档，说明如何正确安装所有的设备。

确保 HTC Vive 头戴式显示器、运动控制器、接线盒和 Lighthouse 基站均已按照 Valve 提供的文档进行通电、连接和设置，SteamVR 工具窗口显示"就绪"状态，如图 11-7 所示。

图 11-7　SteamVR 就绪状态

为了让 SteamVR 可以与虚幻引擎一起使用，必须先设置 SteamVR 交互区域。为此，右击 SteamVR 工具窗口，选择房间设置（Run Room Setup），并按照屏幕上的指示设置 SteamVR 交互区域。如图 11-8 所示，SteamVR 提供用户两种模式体验 VR 项目，一种是"房间规模"，另一种是"仅站立"。用户可根据自己的行动空间来选择使用哪种模式进入（本章节选择"仅站立"模式）。

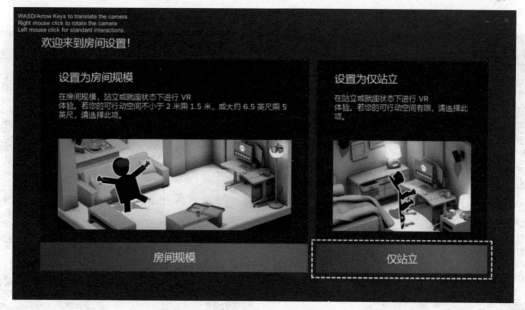

图 11-8　SteamVR 房间设置

将头戴式显示器放置于可以见到定位器的位置，状态显示为就绪即可单击下一步按钮，如图 11-9 所示。

接下来站在腾出空间的正中央，同时举着头戴式显示器朝向想要在 VR 体验中面向的默认方位，然后单击"校准中心点"按钮以校准体验的空间，完成即可单击下一步。如图 11-10 所示。

虚幻引擎（Unreal Engine）基础教程

图 11-9　SteamVR 建立定位

图 11-10　SteamVR 校准空间

　　校准完中心点后，将头戴式显示器放在稳定的平面上，然后单击"校准地面"按钮，接着测量该平面和地面间的垂直间距，并输入数值，如图 11-11 所示。

　　完成地面定位设置后，单击"下一步"按钮，即可完成所有设置。如图 11-12 所示。

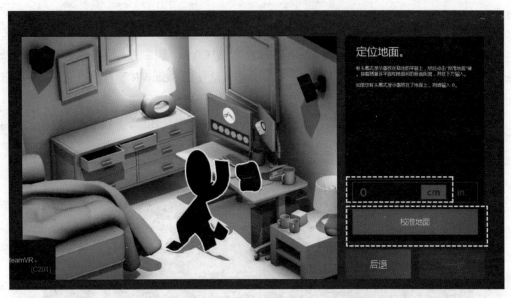

图 11-11　SteamVR 定位地面

图 11-12　SteamVR 完成房间设置

小提示

　　当 SteamVR 所有设备显示为绿色时，表示一切都正常运行。如果某个设备显示为灰色，则此设备存在问题。将鼠标光标悬停在显示为灰色的设备上，SteamVR 将提示它有什么问题。

11.1.3　预览VR项目

在学习本小节知识之前，读者必须拥有一套 HTC Vive 虚拟现实设备，并且确保启动 SteamVR，按照上述内容完成正确的设置。否则，将无法使用 SteamVR 配合虚幻引擎开发项目。

下面将介绍如何设置一个新的虚幻引擎项目，使其与 SteamVR 一起工作。

步骤 1：打开虚幻引擎，使用游戏（Games）→ 空白（Blank）模板新建一个项目，并使用如图 11-13 所示的设置。

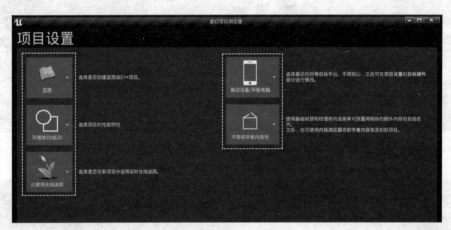

图 11-13　VR 项目设置

步骤 2：加载项目后，确保 SteamVR 已经启动并且呈就绪状态。进入关卡，单击"运行（Play）"按钮旁边的下拉三角，然后从显示的菜单中选择 VR 预览（VR Preview）选项，如图 11-14 所示。

当 VR 预览启动时，带上头戴式显示器，将在头戴式显示器的屏幕上中看到显示的基本关卡。转动自身的方向还能够看到屏幕中的关卡也随之转动。至此，虚幻引擎的项目可以使用 SteamVR 和 HTC Vive 以虚拟现实的方式进行预览。

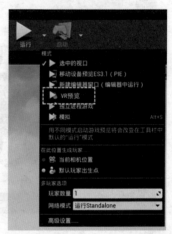

图 11-14　启用 VR 预览项目

> **小提示**
>
> 如果插入了支持的头戴式显示器，并且正确设置了 SteamVR，由于某种原因，SteamVR 不能正常工作，那么首先检查一下是否启用了 SteamVR 插件。可以在插件菜单的 Virtual Reality 部分下找到 SteamVR 插件，如图 11-15 所示。

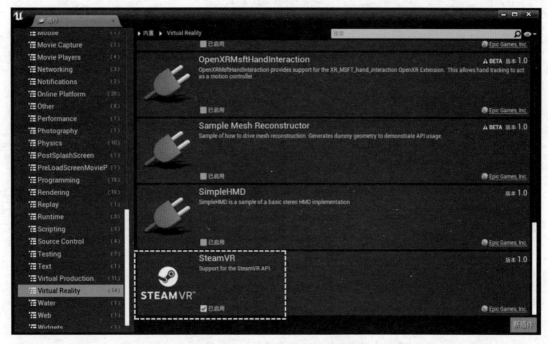

图 11-15 启用 SteamVR 插件

11.1.4 虚幻引擎VR模板

使用 SteamVR 和 HTC Vive 在虚幻引擎中查看项目仅仅是开发 VR 的第一步，在虚拟世界中实现交互是 VR 的重要特性，因此，虚幻引擎提供了一套 VR 模板作为引擎中所有虚拟现实项目的起点。该模板封装了传送（Teleport）以及常见的输入操作逻辑，例如抓取物品、手柄射击、与 3D 菜单交互等。

小提示

在虚幻引擎 4.27 版本的更新中，官方对 VR 模板进行了重新定制，使它的功能更加完善和易用。由于本书教学内容采用的是虚幻引擎 4.26 版本，但其 4.27 版本已经非常成熟和稳定，建议开发 VR 项目选用新的 VR 模板。

以下内容将介绍 VR 模板（虚幻引擎 4.27 版本）的入门知识以及如何添加模板来打造自己的 VR 项目。

1. 支持的设备

虚幻引擎为了让市面上不同品牌的 VR 设备能够在其中进行开发，当前 VR 模板默认与如表 11-3 所示的设备兼容。

表 11-3　VR 模板兼容的设备

平　　台	兼容的设备
SteamVR	Valve index / HTC Vive
Oculus 计算机端	Rift S / Quest with Oculus Link
Oculus 移动端	Quest 1 / Quest 2
Windows Mixed Reality	

该 VR 模板将使用 OpenXR 框架，这是多家公司的 VR 和 AR 开发标准。借助虚幻引擎中的 OpenXR 插件，模板的逻辑可在多个平台和设备上运行，无须平台专有的检查或调用。

2. 部分功能特点

VR 模板展示了多种交互的功能。正确设置使用的开发设备后，启动 VR 预览，打开运动控制器，即可使用这些功能。

1）输入

VR 模板中的输入基于虚幻引擎中的操作和轴映射输入系统，如图 11-16 所示。可以根据实际项目的需求进行自定义设置。

图 11-16　VR 模板的输入设置

2）传送

使用拇指按压右手的运动控制器的触控板，传送可视化工具会显示将要移动到的位置，然后松开拇指可执行传送，玩家将传送到关卡中指定的位置。如图 11-17 所示。

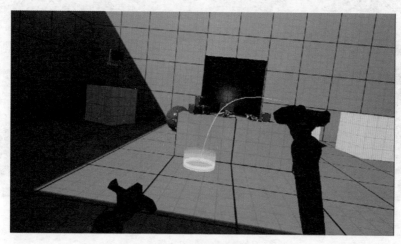

图 11-17　VR 模板传送功能

3）抓取物体

VR 模板提供给开发者可以在对象的 GrabComponent 中设置抓取类型，以便定义对象如何附加在运动控制器上。如图 11-18 所示。

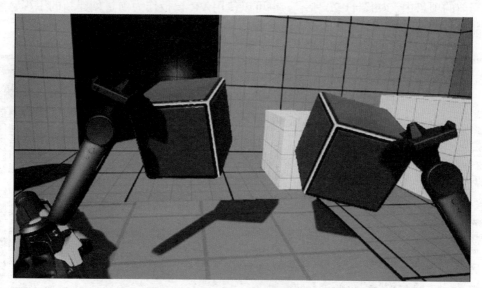

图 11-18　VR 模板的抓取物体示例

4）3D 菜单

按运动控制器上的菜单按钮可打开 VR 模板的菜单。该菜单使用虚幻示意图形（UMG）构建，如图 11-19 所示。

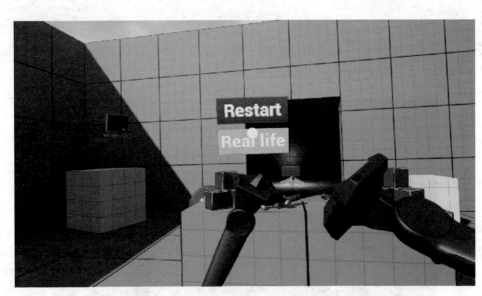

图 11-19　3D 交互菜单

3. 使用 VR 模板

在项目中若要使用 VR 模板只需要几步设置就可以。以下内容将快速介绍如何将 VR 模板应用在自己的项目中。

步骤 1：首先要导入 VR 模板。VR 模板可以从内容浏览器中的"添加 / 导入"选项加载到当前的项目中，如图 11-20 所示。也可以使用 VR 模板作为项目创建新的工程，然后将当前项目内容通过"迁移工具"发送到新的工程，如图 11-21 所示。

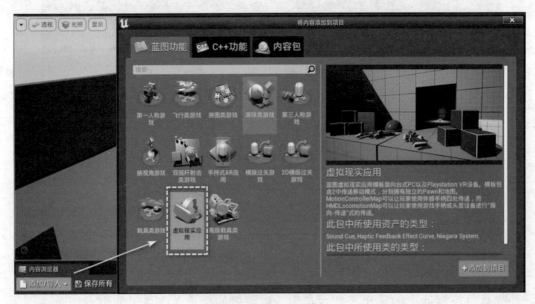

图 11-20　导入 VR 模板

图 11-21 迁移项目资产至 VR 模板

步骤 2：设置游戏模式。VR 模板已经制作好了使用 VR 预览的游戏模式。游戏模式对象将定义体验的规则，例如使用哪个 Pawn 对象。接下来在世界场景设置的游戏模式重载中指定 VR 模板（Content → VRTemplate → Blueprints）的 VRGameMode 对象，如图 11-22 所示。然后将 VRPawn 对象拖入到世界场景放置在地面上，如图 11-23 所示。

图 11-22 指定游戏模式

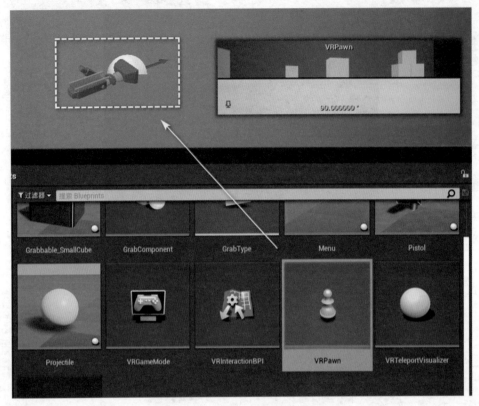

图 11-23　将 VRPawn 放入场景

步骤 3：确保正确接入 VR 设备，并且 SteamVR 呈就绪状态。单击"运行"（Play）按钮旁边的下拉三角，选择 VR 预览，即可使用 VR 模板中制定好的游戏模式和来自于运动控制器的输入事件逻辑。

11.2　VR 项目打包

11.2.1　项目介绍

"国家安全教育 VR 展厅"项目是参与江西省第七届大学生科普动漫创作大赛（专业组）的获奖作品，使用虚幻引擎 4.26 版本开发。该作品既可以在计算机端以"第一人称"视角进行交互式体验，也可以在 HTC Vive 的 VR 设备中进行沉浸式体验。通过逼真的红色文化展厅场景、图文、音视频等向广大群众传递增强国家安全知识的重要性。

该项目已经开发完成，包括场景渲染、过场动画、蓝图交互逻辑、VR 模式等，如图 11-24 所示。只需从本书附带的教学资源中下载该项目的原始工程文件进行打包输出，并对该项目的性能进行分析。

项目资料

图 11-24 "国家安全教育 VR 展厅"项目

11.2.2 性能优化分析

虚拟现实对硬件要求较高，较差的性能会对用户体验造成极大影响，因此保证良好的 VR 项目性能十分关键。虚幻引擎包含一套工具集，可用于查看项目的 CPU 和 GPU 性能。对这些结果进行解释并应用最佳的内容和游戏代码，即可使项目拥有最佳体验。

以下内容旨在为 VR 项目性能的剖析和优化提供实用建议。

1. 使用内置分析工具

产生游戏帧率很低，或者程序卡顿的现象有很多原因。这个时候可以借助相应的工具来查找性能瓶颈。

1）Stat 命令

要分析虚幻引擎的项目，开发人员可以在编辑器运行游戏的同时，在视口左下角控制台输入 Stat 命令（按"～"键开启控制台），如图 11-25 所示。

图 11-25 Stat 命令集

（1）Stat FPS：在视窗右上角显示每秒帧数（FPS），如图 11-26 所示。

图 11-26　Stat FPS 命令

（2）Stat Unit：在视窗右上角显示总体帧时间以及游戏线程、渲染线程和 GPU 时间，如图 11-27 所示。

图 11-27　Stat Unit 命令

（3）Stat Unitgraph：通过实时折线图显示"统计单位"数据，用于在流畅的游戏中检测故障。如图 11-28 所示。

图 11-28　Stat Unitgraph 命令

（4）Stat Scenerendering：该指令非常适合识别整个虚幻引擎渲染管线中的瓶颈。例如，动态灯光、半透明性能消耗、绘制调用计数等。如图 11-29 所示。

图 11-29　Stat Scenerendering 命令

（5）Stat GPU：显示 GPU 统计数据，适用于着色器迭代和优化。如图 11-30 所示。

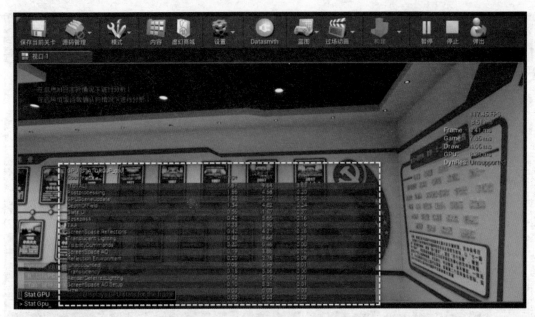

图 11-30　Stat GPU 命令

（6）Stat Rhi：显示内存计数器，用于调试内存压力方案。如图 11-31 所示。

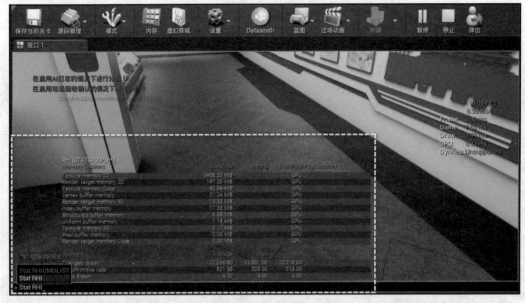

图 11-31　Stat Rhi 命令

2）GPU 查看器

GPU 查看器用来统计性能消耗，可以识别各种通道的 GPU 开销，捕获每帧渲染的成本，并确定合理项（如绘制调用量大、材质复杂、三角形网格体密集、视图距离远等）。如图 11-32 所示。

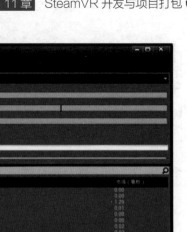

图 11-32　GPU Visualizer

2. 性能优化的核心原则

总体而言，维持 VR 项目的帧率挑战性非常大，即使使用高性能的硬件也同样如此。VR 项目的帧率稳定性比常规实时渲染更为重要，因为在 VR 中，丢帧会对用户体验产生极大的破坏。

帧率不稳定可能导致输入 / 追踪产生延迟，这意味着游戏线程将固定比渲染线程提前一帧，GPU 和渲染线程则在同一帧上同步。为了使渲染线程性能达到理想效果，对内容和游戏代码进行优化十分重要，可借此榨取帧率。对于 VR 项目，需要尽量简化所有内容。

简化内容的常见方法如下。

（1）不使用动态光照和阴影。

（2）尽量不使用半透明材质。

（3）为所有内容设置 LOD。

（4）简化材质复杂程度。

（5）尽量减少每个物体的材质数量。

（6）烘焙重要性不高的内容。

（7）不使用能包含玩家的大型几何体。

（8）尽量使用预计算的可见体积域。

此外，SteamVR 有用于了解性能的第三方工具。建议使用这些工具查看实际的帧耗时和渲染开销，因为在使用 SteamVR 和虚幻引擎开发 VR 项目时必须满足 90FPS 的帧率。

> **小提示**
>
> 开发 VR 项目必须在项目开始就对项目性能进行分析，维持帧率，慢慢增加复杂度到临界点的方式更为可取。在项目发布前还需要下调效果来维持性能并非良好的工作方式。

11.2.3　项目打包设置

完成上述 VR 项目性能的分析和优化工作，确保在 HTC Vive 设备上能够顺畅运行时，即可开始对项目进行打包。项目打包过程中，所有项目特定的源代码会被编译。代码编译完成后，所需的内容都会被转化成目标平台可以使用的格式。因为本章所使用的项目属于高性能桌面级 VR 项目。因此，虚幻引擎会将项目编译成一个 .exe 的可执行安装程序。

在菜单栏的文件（File）菜单中，有一个名为"打包项目（Package Project）"的选项。该选项包含一个子菜单，其中列出了所有引擎能支持的平台。这里选择打包到 Windows 平台，如图 11-33 所示。在正式打包之前还需要完成一些基础设置。

图 11-33　虚幻引擎打包项目

1. 设置游戏的默认地图

打包项目前，首先需要设置游戏默认地图，打包好的游戏会在启动时首先加载这张地图。假如没有设置地图，并且使用的是空白项目，那么打包好的游戏在启动时只会显示一片漆黑。

若要设置游戏默认地图（Game Default Map），可以在编辑器的主菜单栏中单击"编辑（Edit）"→"项目设置（Project Settings）"→"地图和模式（Maps & Modes）"，如图 11-34 所示。

图 11-34　设置游戏默认地图

2. 设置编译配置版本

在编辑器的主菜单栏中单击"编辑（Edit）"→"项目设置（Project Settings）"→"打包（Packaging）"→"编译配置（Build Configuration）"。默认是开发者（Development）模式，如果正式发布项目则改成发布（Shipping）模式。如图 11-35 所示。

图 11-35　设置发布模式

3. 设置打包版本的地图列表

如果项目有多个关卡的话，打包设置中需要把所有关卡添加上去。在编辑器的主菜单栏中单击"编辑（Edit）"→"项目设置（Project Settings）"→"打包（Packaging）"→打包版本中要包括的地图列表（List of maps to include in a packaged build）"。单击选项后的"+"按钮添加需要打包的关卡。如图 11-36 所示。

图 11-36　设置打包地图列表

4. 设置创建压缩烘焙包

在编辑器的主菜单栏中单击"编辑（Edit）"→"项目设置（Project Settings）"→"打包（Packaging）"→"创建压缩烘焙包（Create Compressed Cooked Packages）"。勾选此项后，打包的文件将被压缩，容量变小。如图 11-37 所示。

图 11-37　设置压缩烘焙包

5. 设置启动画面

在编辑器的主菜单栏中单击"编辑（Edit）"→"项目设置（Project Settings）"→"平台（Platforms）"→"Windows"→"游戏启动画面（Game Splash）"，指定相应的图像文件，如图 11-38 所示。

6. 设置以 VR 启动

打包 VR 项目需要确认"以 VR 启动（Start in VR）"是否已启用。在"编辑（Edit）"→"项目设置（Project Settings）"→"描述（Description）"→"设置（Settings）"下可找到此项，如图 11-39 所示。

图 11-38　设置启动画面

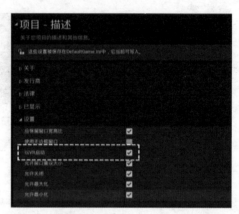

图 11-39　设置以 VR 启动

11.2.4　打包文件

在上述基础设置完成后，准备为 Windows 平台打包项目。

步骤 1：在编辑器的主菜单栏中单击"文件（File）"→"打包项目（Package Project）Windows（64-bit）"。如图 11-40 所示。

步骤 2：选择完平台会自动弹出存储文件路径的对话框。设定一个有效的文件路径，如果成功完成打包，则此文件路径将保存打包好的项目。

步骤 3：设定完目标路径后，编辑器开始为所选平台打包项目，同时屏幕右下角会出现一个状态指示器，以提示打包进度。如图 11-41 所示。此外，状态指示器还有一个"显示输出日志"链接可以用来显示额外的输出日志信息。如图 11-42 所示。

图 11-40　打包项目至 Windows 平台

图 11-41　打包项目进度

图 11-42　输出日志信息

至此，项目打包的步骤全部完成。等待项目打包成功，运行项目，使用 HTC Vive 设备测试打包的内容是否完整并且功能正确。

小提示

若在打包项目过程中出现了错误导致打包项目失败，可以根据输出日志中的错误提示进行修正。

◆ **本 章 小 结** ◆

本章节内容对虚拟现实技术进行了简单的概述。虽然从开发设备的了解、开发平台的搭建、VR 模板的应用、项目性能的分析和优化等全面讲解了使用 SteamVR 配合虚幻引擎开发虚拟现实项目的知识，但也仅是"计算机端"VR 开发的基础入门。目前市面上有很多不同的 VR 平台和设备，有的在"移动端"运行，有的在"计算机端"运行，使用这些设备在虚幻引擎中开发 VR 项目所需的配置也是不一样的。建议访问他们的官方网站，阅读其提供的开发指南来解决实际项目中遇到的问题，从而实现至臻至善的 VR 用户体验。

◆ 练 习 题 ◆

1. 打包"国家安全教育 VR 展厅"项目

结合本章讲述的知识对"国家安全教育 VR 展厅"项目进行性能的分析，然后打包输出成一个可以使用 HTC Vive 虚拟现实设备体验的程序。

2. 拓展练习

综合本书所学知识，尝试独立开发一个虚拟现实项目，类型不限。

参 考 文 献

[1] 姚亮 . 虚幻引擎 (UE4) 技术基础 [M]. 2 版 . 北京：电子工业出版社，2018.

[2] 何伟 .Unreal Engine 4 从入门到精通 [M]. 北京：中国铁道出版社，2018.

[3] 掌田津耶乃 .Unreal Engine 4 蓝图完全学习教程（典藏中文版）[M]. 王娜，李利，译 . 北京：中国青年出版社，2017.

[4] Brenden Sewell.Unreal Engine 4 蓝图可视化编程 [M]. 陈东林，译 . 北京：人民邮电出版社，2020.

[5] 初树平，张翔 . 3ds Max & Unreal Engine 4 VR 三维建模技术 [M]. 北京：人民邮电出版社，2021.

[6] 虚幻引擎官方 . 最强大的实时 3D 创作平台–Unreal Engine（EB/OL）.https://www.unrealengine.com/zh-CN/?lang=zh-CN.